U0186953

工程软件职场应用实例精析丛书

斯沃数控仿真加工技术及应用实例

主 编 张 键 宋艳丽 齐 壮

副主编 张 茜 王明智 张声俊

参 编 卫 恒 张要华 付计幼 程正华

徐利霞 谢 正 姜 晓 梁楚亮

机械工业出版社

本书共分为6章，以零件仿真案例为主线，内容包括斯沃数控仿真系统概述、数控车仿真、数控铣仿真、四轴加工中心案例编程及仿真、五轴加工中心案例编程及仿真，以及综合案例仿真加工。本书言简意赅、过程完整、循序渐进，将复杂知识简单化，将抽象理论具体化，可帮助读者把握仿真加工重点知识，并熟练掌握仿真加工技能。书中提供的实例完整呈现了仿真加工思路，便于读者学习。

本书适合应用型本科、中高职院校、技师院校数控技术专业学生和数控技术人员阅读。

图书在版编目（CIP）数据

斯沃数控仿真加工技术及应用实例/张键，宋艳丽，齐壮主编．—北京：机械工业出版社，2023.11

（工程软件职场应用实例精析丛书）

ISBN 978-7-111-73858-9

Ⅰ．①斯⋯　Ⅱ．①张⋯　②宋⋯　③齐⋯　Ⅲ．①数控机床—计算机仿真—应用软件　Ⅳ．①TG659

中国国家版本馆CIP数据核字（2023）第174489号

机械工业出版社（北京市百万庄大街22号　邮政编码100037）
策划编辑：周国萍　　责任编辑：周国萍　刘本明
责任校对：宋　安　　封面设计：马精明
责任印制：任维东
唐山三艺印务有限公司印刷
2023年11月第1版第1次印刷
184mm×260mm・13.75印张・327千字
标准书号：ISBN 978-7-111-73858-9
定价：59.00元

电话服务　　　　　　　　网络服务
客服电话：010-88361066　　机　工　官　网：www.cmpbook.com
　　　　　010-88379833　　机　工　官　博：weibo.com/cmp1952
　　　　　010-68326294　　金　书　网：www.golden-book.com
封底无防伪标均为盗版　　机工教育服务网：www.cmpedu.com

前　言

数控仿真加工技术可以对数控代码正确性进行验证，以减少工件的试切，提高生产率。采用数控仿真系统能够迅速完成在机床上不方便操作的各项任务，如调试数控程序、检验干涉情况等。利用仿真加工技术，企业、学校进行数控人才培训更加快速、安全且不消耗资源，机床制造商可以远程向客户逼真地演示其产品，加工企业也可以为加工过程的优化找到决策依据。另外，数控仿真系统的网络功能为学校进行数控相关专业考核提供了保证。

本书的编写思路是，先熟悉并掌握数控仿真系统软件的操作，然后再熟悉并掌握具体主流数控系统在软件中的操作，最后通过数控系统案例着重讲解知识点，力争把每个知识点讲清讲透，避免"空话套话"，争取多出"干货"，同时也遵循"一图胜过千言"的宗旨，能用图表表达清楚的就用图表来说明。另一方面，为了照顾刚刚入门的读者，具体讲解数控系统的章节都从最基本的程序创建开始，经过一步步的讲解，最终引领读者能够在数控仿真软件中做出一个与本书案例类似的项目。为了突出各章的重点，对案例中与前面章节重复或与该章主旨关系不大的知识点进行了省略，读者在阅读时可以交叉参考，以便更好地理解。

本书适用于数控从业人员，大中专院校智能制造、自动化、机械工程、机电一体化、数控专业的学生，也适用于其他对数控方向感兴趣的读者朋友们。读者可以参考本书第1、2章了解必要的仿真软件基础知识。为了更好地理解书中华中数控系统数控车和数控铣的知识，建议读者阅读华中系统相关实例介绍。

本书第2～5章提供了部分演示视频，读者可通过手机扫描书中相应二维码进行观看。

从本书开始编写时，编者便秉承"用心出精品"的原则，力争在有限的篇幅内最大限度地呈现出对读者有用的"干货"，期望能快速引导读者进入数控仿真的学习。尽管编者对书稿进行了反复校对和审核，但限于时间和精力，书中难免有疏漏之处，恳请读者给予批评指正。

编　者

目　　录

第 1 章

斯沃数控仿真系统概述

1.1 斯沃车铣仿真功能介绍及操作

斯沃数控仿真软件 SSCNC（书中所用版本为 V7.3）由南京斯沃软件技术有限公司开发，适用于发那科（FANUC）、西门子（SINUMERIK）、三菱（MITSUBISHI）、海德汉（HEIDENHAIN）、发格（FAGOR）、哈斯（HAAS）、德克（DECKEL）、广州数控（GSK）、华中数控（HNC）、北京凯恩帝（KND）、大连大森（DASEN）、江苏仁和（RENHE）、南京华兴数控（WA）、南京四开数控（SKY）、成都广泰（GREAT）、马扎克（Mazak）等数控车铣设备及加工中心，是结合机床厂家实际加工制造经验与高校教学训练需要而开发的。通过该软件既可以使学生达到实物操作训练的目的，又可以大大减少昂贵的设备投入。

斯沃数控仿真软件包括 24 个大类、98 个系统、228 个操作面板。该软件可模拟目前各种主流的数控系统和操作面板，效果逼真。用户可以在个人计算机上模拟操作机床，能在短时间内掌握各种系统的数控车床、数控铣床及加工中心等操作。软件同时具有手动编程和导入程序模拟加工功能。在斯沃数控仿真软件网络版中，可通过服务器随时获取客户端的操作信息，并具有考试、练习以及广播等功能。

SSCNC 的特点如下：

1）具有逼真的三维数控机床和操作面板，可双屏显示。

2）可实现动态旋转、缩放、移动、全屏显示等功能。

3）支持 ISO 1056 准备功能码（G 代码）、辅助功能码（M 代码）及其他指令代码。

4）支持各系统自定义代码以及固定循环。

5）可直接调入 UG、Pro/E、Mastercam 等 CAD/CAM 后处理文件进行模拟加工。

6）可实现三轴半、四轴半加工仿真（多轴选配模块）。

7）可进行 Windows 系统的宏录制和回放。

8）可进行 AVI 文件的录制。

9）可进行工件选放、装夹。

10）可模拟换刀机械手、四方刀架、八方刀架、十二方刀架。

11）可在卧式和立式自动换刀系统之间进行切换。

12）可实现基准对刀、手动对刀。

13）可模拟零件切削，带加工切削液、加工声效、铁屑等。

14）可模拟寻边器、塞尺、千分尺、卡尺等工具。

15）内含多种不同类型的刀具。

16）支持用户自定义刀具功能。

17）可对加工后的模型进行三维测量。

18）可基于刀具切削参数对零件的表面粗糙度进行测量。

19）车床工件精度可达到 1μm。

20）具有装载切割零件功能。

21）支持从 CAD 文件导入工件。

1.1.1　文件菜单与软件参数设置

1. 文件菜单

该菜单提供了替换 NC 代码功能，可以打开的文件类型有"工程文件"（主要包括仿真练习完成的文件）、"NC 代码文件"、"刀具信息文件"、"工件信息文件"及"所有文件"，如图 1-1 所示，还提供了保存和另存为工程文件的常规功能。

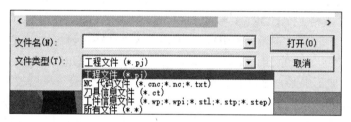

图　1-1

2. 软件参数设置

在软件参数设置中可根据需要设置刀架的位置和刀架的位数。如果想让学员看清换刀的动作，可把换刀速度调至最慢，平时练习时可以默认为最快，如图 1-2 所示。

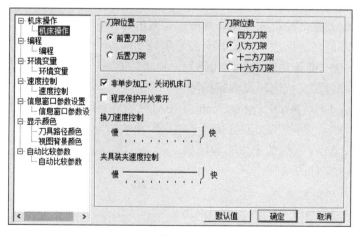

图　1-2

为了看清加工的过程，可以在速度控制设置中把"加工步长"调至最小（滑块移至最左边）。如果计算机有独立显卡，可以把"加工图形显示加速"调至最大，"显示精度"调至最高，如图 1-3 所示。

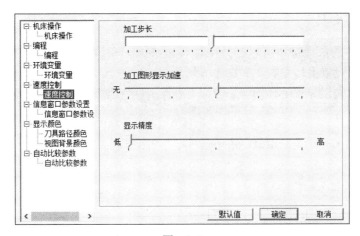

图　1-3

1.1.2　机床结构选择

斯沃提供了多种机床模型供用户选择，可以单击树状目录选择需要的机床模型，例如选中 SKT21LM 后的效果如图 1-4 所示。

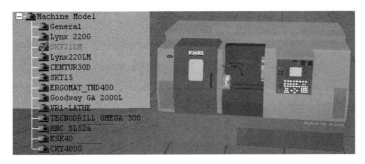

图　1-4

在工具栏中单击相应的按钮，可以详细显示机床结构与参数，如图 1-5 所示。

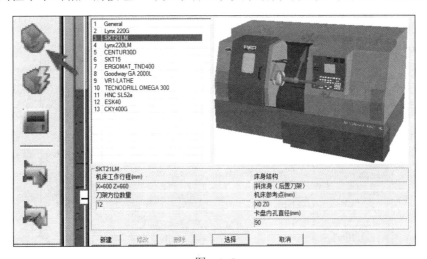

图　1-5

1.1.3 设置毛坯夹具

单击工具栏中的快捷按钮可以打开毛坯设置界面。在该界面中单击"添加"按钮，可在弹出的对话框中设置毛坯参数，如图1-6所示。

如果仿真出现失误导致毛坯切坏，勾选"更换工件"选项即可更换毛坯，如图1-7所示。

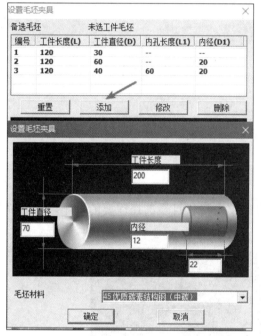

图 1-6

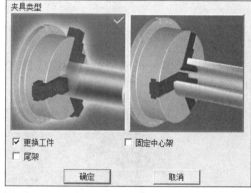

图 1-7

1.1.4 选择刀具

可通过下拉菜单中的刀具选项打开刀具管理器，也可以在左侧的工具栏中单击 ![按钮图标] 按钮直接打开，如图1-8所示。

图 1-8

该界面提供了常用的刀具，可以直接用鼠标选择所要的刀具，并将其拖拽至机床刀库中所对应的刀位中去。

SSCNC V7.3 中增加了自定义刀具，可以在"刀具库管理"区域单击"+"按钮导入绘制好的 3D 刀具，如图 1-9 所示。

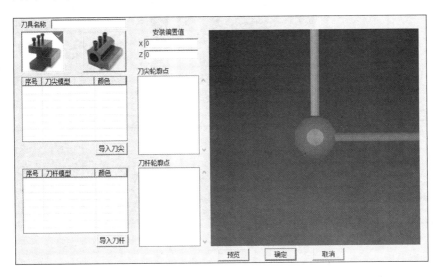

图　1-9

如果软件中没有想要的刀具，可以单击"添加"按钮，在弹出的窗口中选择刀具并对刀具参数进行设置，如图 1-10 所示。

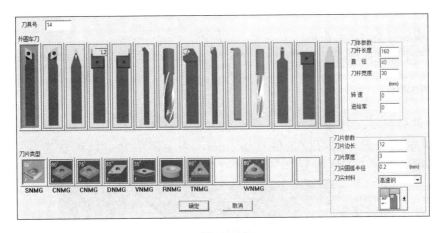

图　1-10

1.1.5　选择操作视图与显示模式

在车床仿真练习中，可在"视窗视图"中选择"2D 视图"或"对刀视图"（图 1-11），效果分别如图 1-12、图 1-13 所示。

如果在当前窗口无法看见工件，可以单击　按钮，用鼠标左键移动显示位置，按住滚轮移动鼠标可以旋转视图，滚轮向前滚动可放大视图，向后滚动可缩小视图。

图　1-11

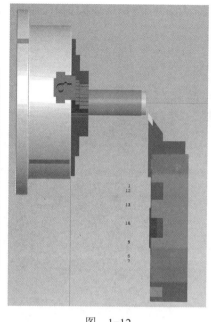
图　1-12

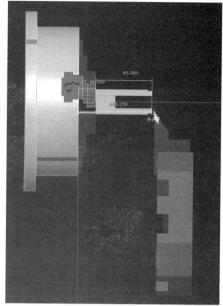
图　1-13

1.1.6　刀具的快速定位

如果对刀步骤已经操作熟练,无须再进行练习,可以使刀具快速定位到工件的编程坐标系上, 如图1-14所示。

请注意该功能不能在真实机床上实现,只是仿真软件上的一个功能而已。

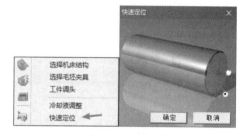
图　1-14

1.1.7　工件操作

斯沃软件提供了工件位移和工件调头的功能。在工具栏中可以找到工件位移功能按钮，单击该按钮一次可使工件移动1mm。需要调头时可以用右键单击工件,在弹出的对话框中选择"工件调头", 如图1-15所示。

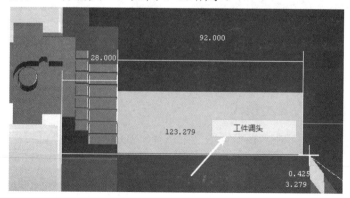
图　1-15

在对刀显示模式中用右键单击工件也可以实现装载割断工件、导入设计模型和导入装配模型功能，实现多工位的加工，如图 1-16 所示。

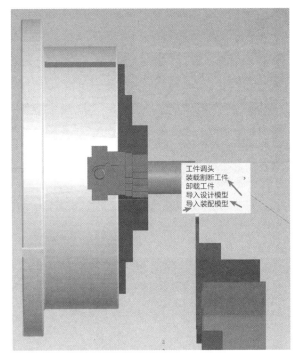

图　1-16

1.1.8　工件测量

SSCNC V7.3 中提供了刀路、直径、长度、角度、螺纹、圆弧、表面粗糙度的测量功能，如图 1-17 ～图 1-23 所示。

测量完毕后单击 按钮即可退出测量模式。

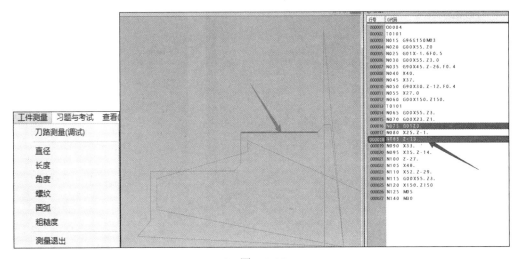

图　1-17

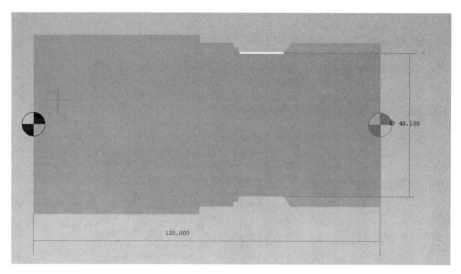

图 1-18

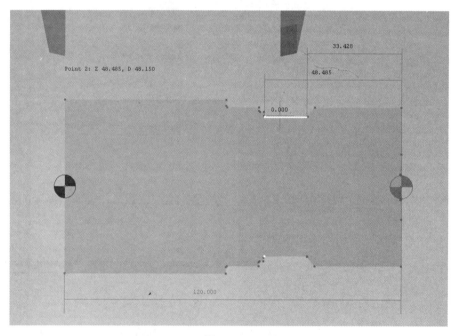

图 1-19

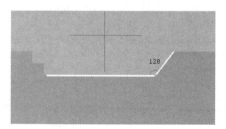

图 1-20

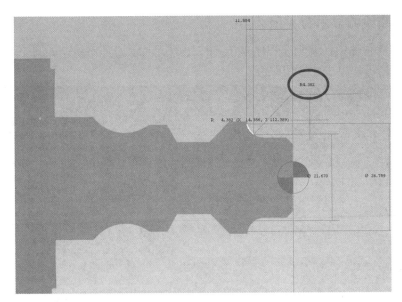

图　1-21

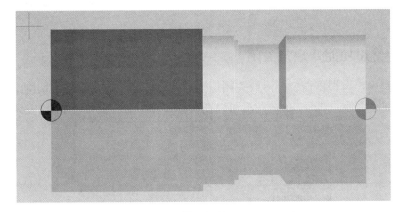

图　1-22

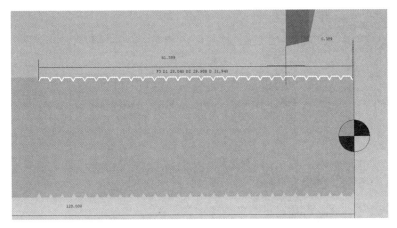

图　1-23

1.1.9　刀具路线的显示与关闭

在斯沃仿真软件中，编制完程序单击⊤按钮即可显示刀具路线，如图 1-24 所示。如果想关闭该模式，再次单击此按钮即可。

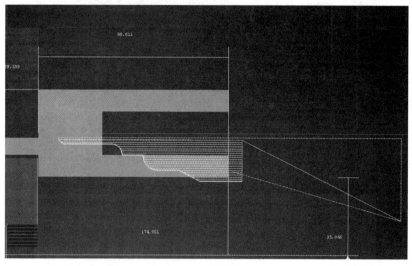

图　1-24

1.1.10　其他常用功能开启与关闭

在练习过程中，可根据需要开启或关闭切削声效，以及决定是否显示切削液管路。也可以单击剖面按钮观察零件的剖面。剖分角度可以在参数设置中进行调整，如图 1-25、图 1-26 所示。

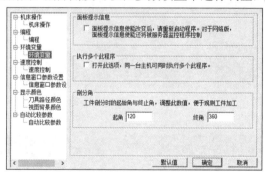

图　1-25

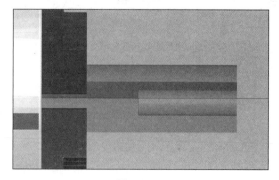

图　1-26

1.2 斯沃多轴仿真功能介绍及操作

1. 斯沃多轴数控仿真软件简介

斯沃多轴数控仿真软件能够实现五轴加工中心的五轴联动加工和多方向平面定位加工仿真；提供双工作台旋转机床结构、双摆头的机床结构，以及混合单摆头单转台机床结构模型，并且提供每个机床模型结构的重要参数；能够实现旋转轴为 A 轴、AC 轴、BC 轴等各种四轴或五轴加工中心的加工仿真。

2. 功能介绍

整体功能如图 1-27 所示。

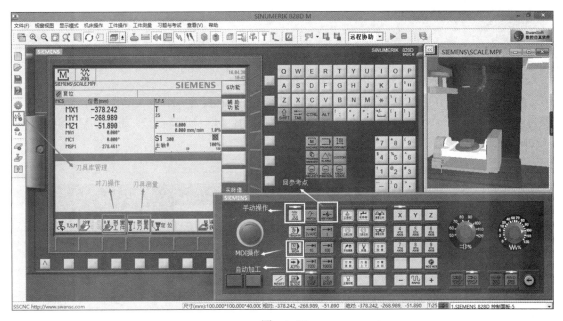

图 1-27

斯沃多轴数控仿真软件可实现 FANUC 0i-M、FANUC 0i-MF、FANUC 18M、FANUC 18i-M、FANUC 21i-M、SINUMERIK 828D M、SINUMERIK 840D M、HNC-210BM、HNC-818BM、GSK 25iM、MITSUBISHI M70M、HEIDENHAIN iTNC 530 等国内外主流数控系统的仿真，包含 40 多种操作面板。

1.2.1 数控系统与机床结构

1）SINUMERIK 828D/840D M 五轴联动立式加工中心可模拟 X、Y、Z、A（工作台旋转）、C（工作台旋转）/B（工作台旋转）、C（工作台旋转）/B（摆头旋转）轴加工。SINUMERIK 840D M 系统的 BC 轴单摆头单转台结构如图 1-28 所示。

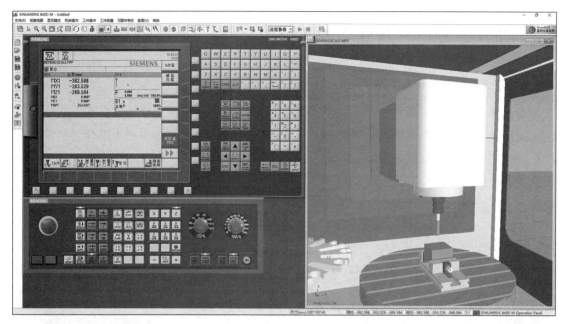

图 1-28

2）MITSUBISHI M70M 五轴联动立式加工中心可模拟 X、Y、Z、A（工作台旋转）、C（工作台旋转）/B（工作台旋转）、C（工作台旋转）/B（摆头旋转）轴加工。MITSUBISHI M70M 系统的 BC 轴双摆头结构如图 1-29 所示。

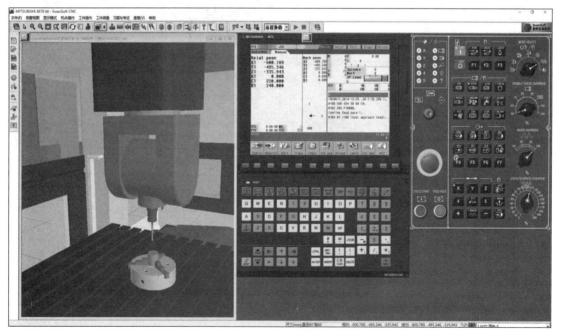

图 1-29

3）FANUC 0i-MF 四轴、五轴立式加工中心可模拟 X、Y、Z、A（工作台旋转）、C（工作台旋转）/B（工作台旋转）、C（工作台旋转）/B（摆头旋转）轴加工。FANUC 0i-MF 系统的四轴单转台结构如图 1-30 所示，五轴 AC 轴双转台结构如图 1-31 所示。

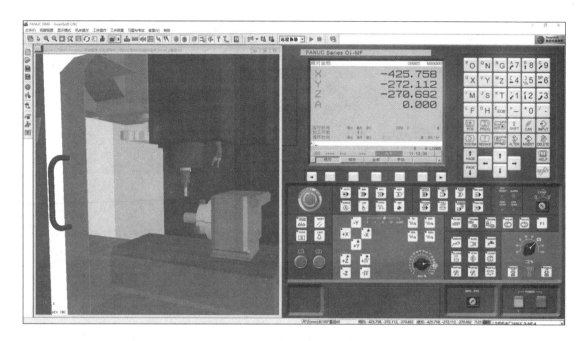

图　1-30

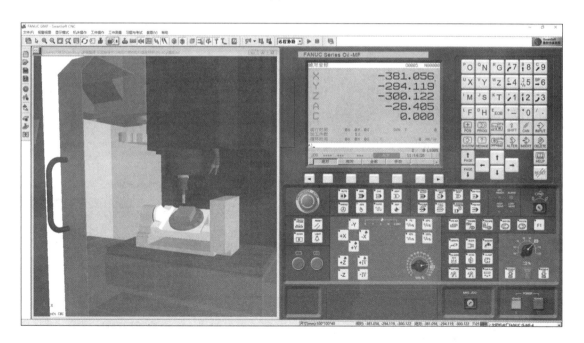

图　1-31

4）HEIDENHAIN iTNC 530 五轴联动立式加工中心可模拟 X、Y、Z、A（工作台旋转）、C（工作台旋转）/B（工作台旋转）、C（工作台旋转）/B（摆头旋转）轴加工。HEIDENHAIN iTNC 530 系统的 AC 轴摇篮结构如图 1-32 所示。

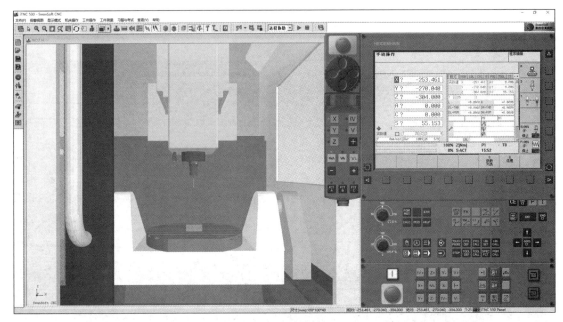

图　1-32

5）华中数控 HNC-848D 五轴联动立式加工中心可模拟 X、Y、Z、A（工作台旋转）、C（工作台旋转）/B（工作台旋转）、C（工作台旋转）/B（摆头旋转）轴加工。HNC-848D 系统的 AC 轴摇篮结构如图 1-33 所示。

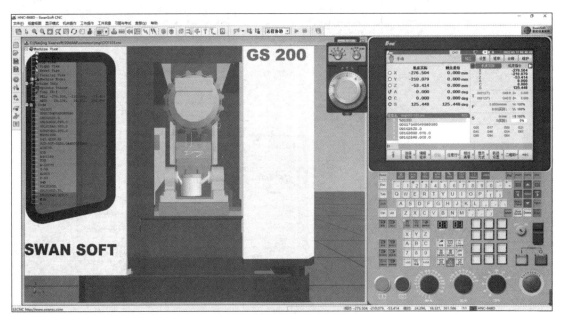

图　1-33

6）广州数控 GSK 25iM 五轴联动立式加工中心可模拟 X、Y、Z、A（工作台旋转）、C（工作台旋转）/B（工作台旋转）、C（工作台旋转）/B（摆头旋转）轴加工。GSK 25iM 系统的 BC 轴双转台结构如图 1-34 所示。

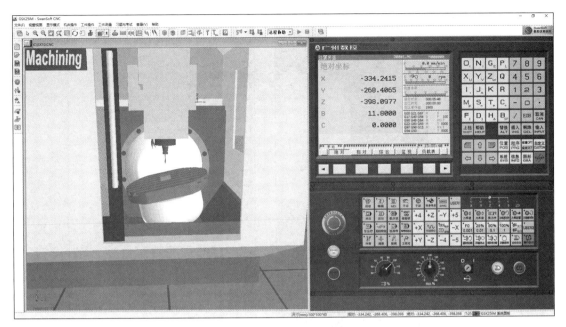

图　1-34

7）操作过程的仿真包括选择机床结构、选择毛坯、工件装夹、夹具校正、夹具放置、基准对刀、安装刀具、碰撞断刀效果、操作面板选择等，如图 1-35 所示。

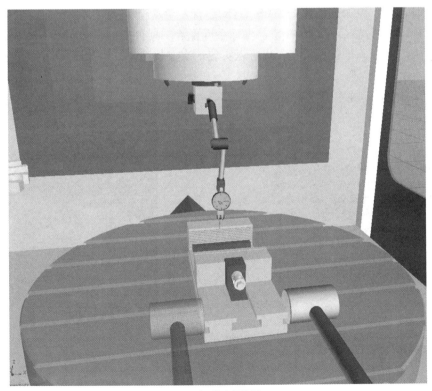

a）平口钳夹具校正

图　1-35

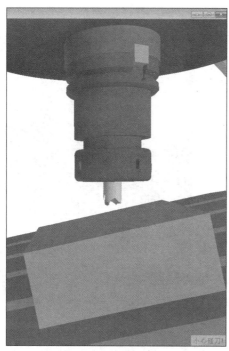

1.FANUC 0i-M标准面板-5
2.协鸿 FANUC 0i-MC-5
3.南京二机FANUC 0i-M面板-4
4.济南机床FANUC 0i-Mate面板-4
5.友嘉FANUC 0i-Mate面板-4
6.托普机床FANUC 0i-Mate面板-4
7.DuoLeng FANUC 0i-Mate面板-4
8.大连机床VDL-1000 FANUC 0i-MC-4
9.南京迈顺FANUC 0i-MC面板-4
10.纵横国际FANUC 0i-MC面板-4
11.南京东恒杰必克FANUC 0i-MC-4
12.台中精机FANUC 0i-MC面板-4
13.沈阳机床厂FANUC 0i-MC面板-4
14.南京二机FANUC 0i-MC面板-4
15.韩国Doosan FANUC 0i-MC面板-4
16.韩国WIA-VX460 FANUC 0i-MC-4
17.南京二机FANUC 0i-MD面板-4
18.巴西Romi FANUC 0i-Mate-MB-4
19.南京德西FANUC 0i-MD面板-4
20.巴西 Skybull 600 FANUC 0i-MD-4
21.南京德西FANUC 0i-MD面板(英文)-4
22.Emco FANUC 仿真器面板-4
23.润星机械 FANUC0iM HS955 面板-4
24.润星机械 FANUC0iM HS1276 面板-4
25.长征机床 KVC650 FANUC0i Mate-MC-4
26.南京德玛 FANUC0i-MD-4
27.南通机床FANUC 0i-MD-4
28.沈阳机床厂FANUC 0i-MD-4
29.巴西 Skybull 850 FANUC 0i-MD-4
30.大连机床CKD6136i FANUC 0i-MD-4
31.宝鸡机床VMC650L FANUC 0i-MD-4

b）碰撞断刀效果   c）不同机床厂家的操作面板选择

图　1-35（续）

8）功能包括数控加工程序的编辑、自动运行、手动录入（MDI）模式、三维工件的实时切削、刀具轨迹的显示、刀具补偿、坐标系设置等；具有多轴联动加工、多方向平面定位加工、曲面加工、倾斜面加工功能；也可以实现一次性装夹多个面加工、多次装夹翻面加工，如图 1-36 所示。

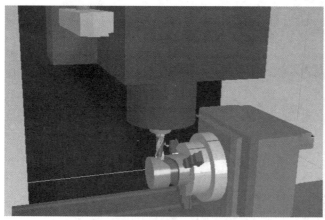
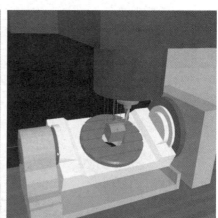

a）四轴加工中心加工过程   b）五轴加工中心加工过程

图　1-36

另外，仿真系统可提供寻边器、基准芯棒、Z 向对刀仪、电子探头等工具；可通过 DNC导入各种 CAM 软件生成的数控程序，也可以通过面板手工编辑数控程序，程序修改界面如图 1-37 所示。

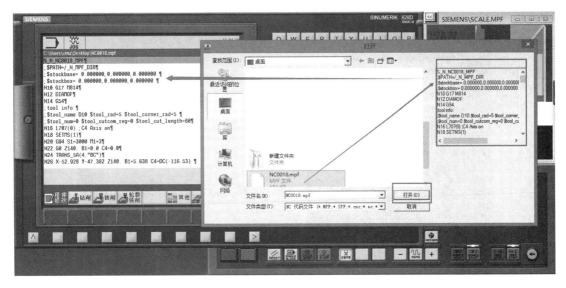

图 1-37

9）支持编程方式如下：

① SINUMERIK 系统支持 ISO 编程、支持变量编程、倾斜面加工、刀具补偿、钻孔循环、平面铣削循环（图 1-38a）、腔槽加工循环。

② MITSUBISHI 系统支持 ISO 编程及固定循环编程。

③ FANUC 系统支持 ISO 编程、宏指令编程、固定循环编程。

④ HEIDENHAIN 系统支持 ISO 编程、对话式编程（图 1-38b）及固定循环编程。

10）支持任意形状 CAD 模型导入，如图 1-39 所示。

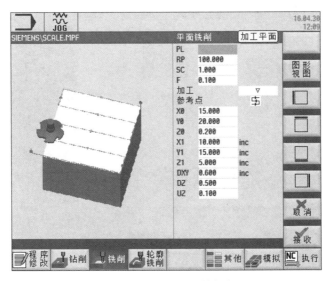

a）SINUMERIK 系统平面铣削循环

图 1-38

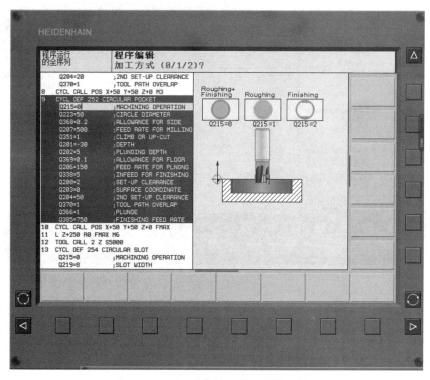

b）HEIDENHAIN 系统对话式编程腔槽加工循环

图　1-38（续）

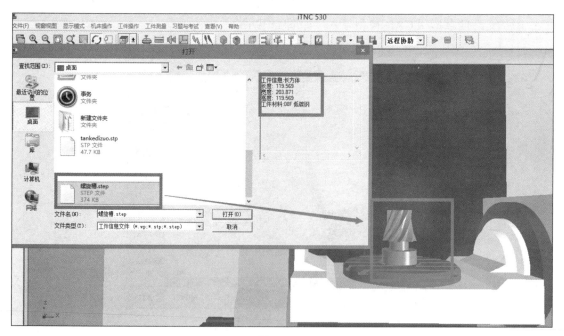

图　1-39

11）提供各种类型的夹具，如平口钳、自定心卡盘、工艺板、专用夹具等，如图1-40所示。

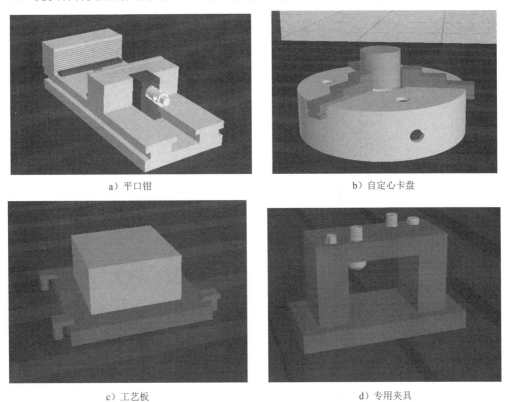

a）平口钳   b）自定心卡盘

c）工艺板   d）专用夹具

图　1-40

12）提供钻头、平底铣刀、球头铣刀、圆角铣刀、镗刀、燕尾铣刀、键槽铣刀、倒角刀；用户可自定义以上各类刀具的尺寸，如图1-41所示。

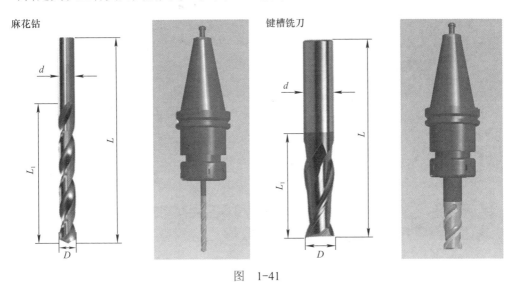

图　1-41

13）可以对加工出的三维模型进行测量，提供各种常规测量工具；可以对被加工工件各种斜面上的典型几何尺寸进行测量，测量精度应达到0.001mm。五轴加工中心加工件测量如图1-42所示。

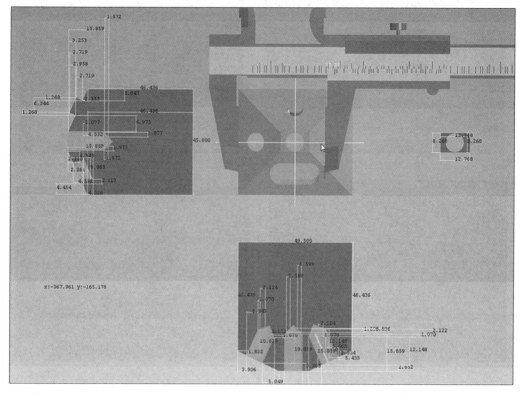

图　1-42

14）加工中心可导入车削件，五轴机床可导入四轴机床加工零件，如图1-43所示。

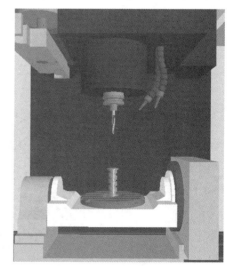

a）四轴机床加工零件　　　　　　　　　　　b）导入五轴加工机床

图　1-43

15）其他：

①国际版支持多语种实时切换，如图1-44所示。

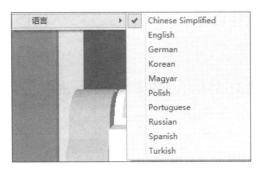

图 1-44

②扩展功能支持双屏显示和触屏手势操作,如图 1-45 所示。

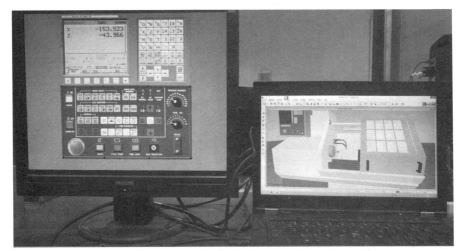

a)双屏显示

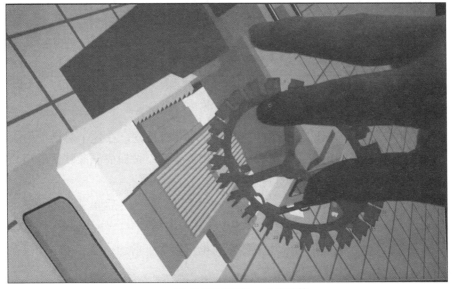

b)触屏手势操作——三指旋转

图 1-45

1.2.2　斯沃多轴仿真软件启动

1. 网络版

1）启动网络版必须先启动网络版服务器，单击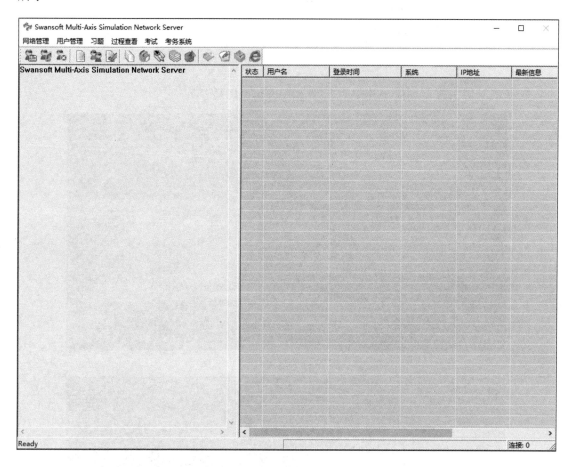按钮进入服务器主界面，如图 1-46 所示。

图　1-46

2）单击"用户管理"按钮，弹出"用户管理"对话框，在这个对话框中添加用户名和姓名。如果有几个默认的用户名，可以单击"删除全部"按钮先删除默认的用户名，然后重新添加，用户可以逐个添加，也可以批量添加。

①逐个添加时，输入用户名、密码和姓名等信息，然后单击"保存"按钮，如图 1-47 所示。

②批量添加时，输入起始编号和用户数量，也可以加上前缀，然后单击"保存"按钮，如图 1-48 所示。

3）选择一个用户，单击工具栏中的"用户信息"按钮可显示该用户的信息，如图 1-49 所示。

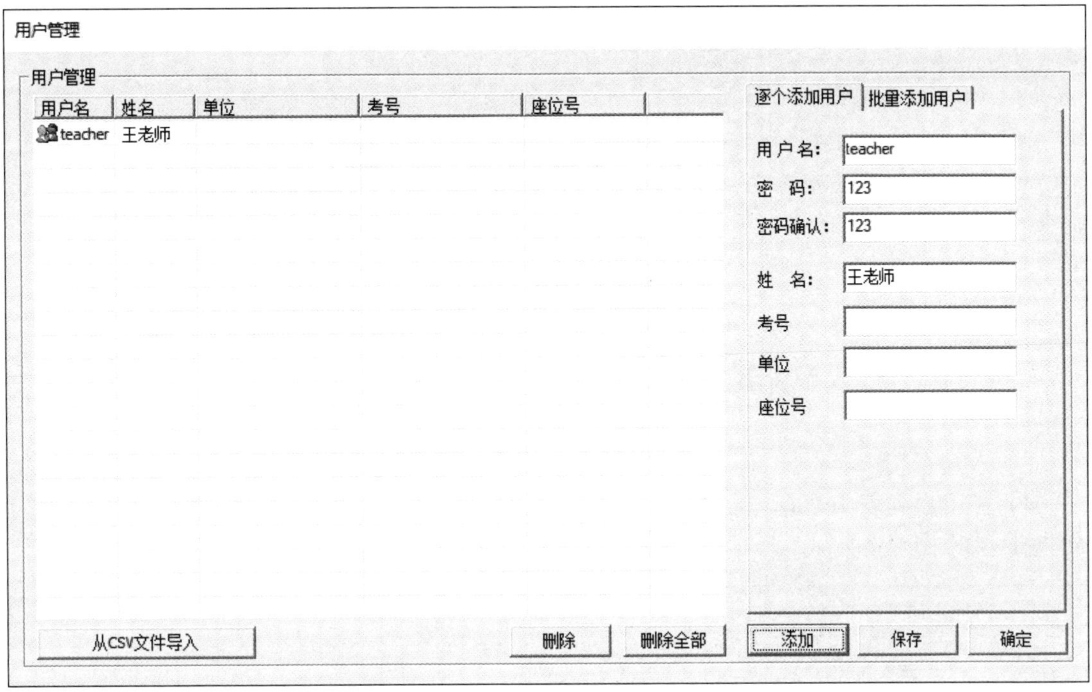
用户管理
用户管理
用户名
姓名
单位
考号
座位号
teacher
王老师
逐个添加用户
批量添加用户
用户名:
teacher
密 码:
123
密码确认:
123
姓 名:
王老师
考号
单位
座位号
从CSV文件导入
删除
删除全部
添加
保存
确定

图 1-47

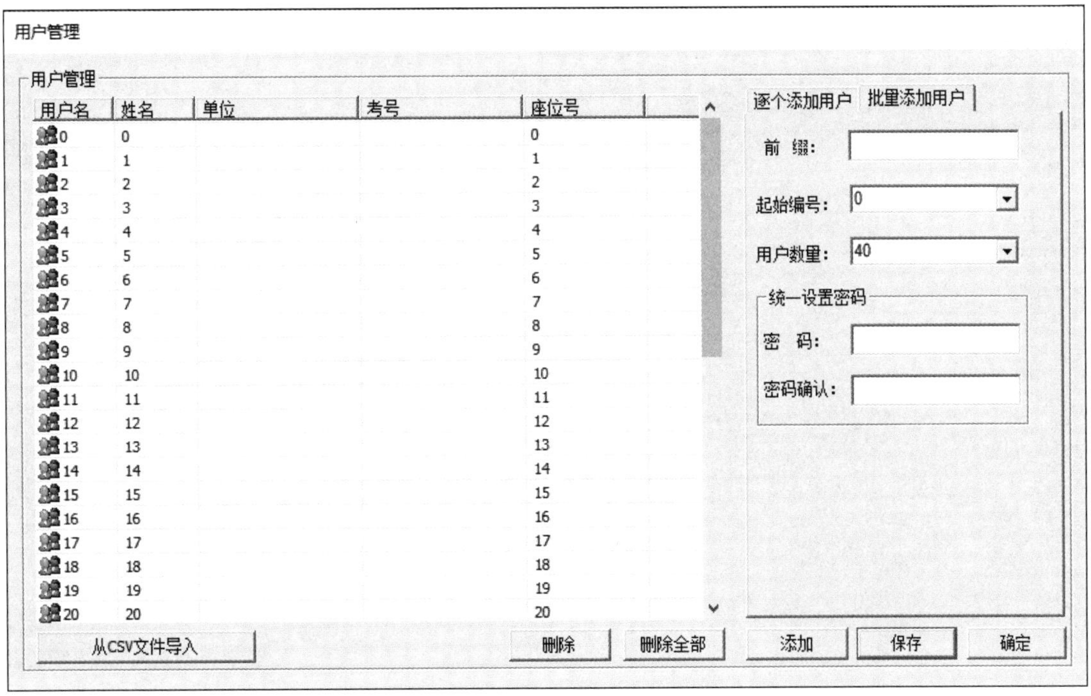
用户管理
用户管理
用户名
姓名
单位
考号
座位号
逐个添加用户
批量添加用户
前 缀:
起始编号:
0
用户数量:
40
统一设置密码
密 码:
密码确认:
从CSV文件导入
删除
删除全部
添加
保存
确定

图 1-48

图 1-49

4）在用户列表中选择一个用户，单击工具栏中的"设置教师机"按钮，可将其设为教师机，如图 1-50 所示。

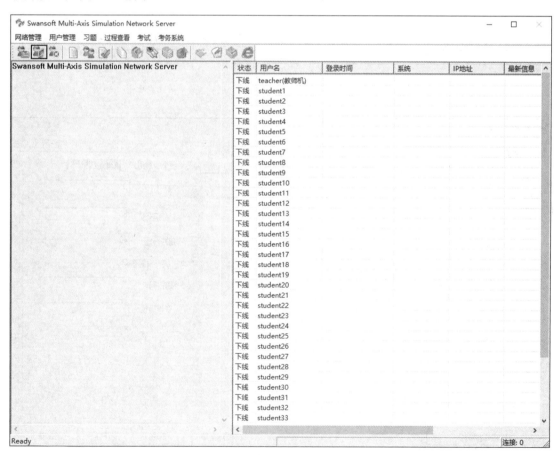

图 1-50

5）启动网络版，进入软件主界面，如图 1-51 所示。

6）在界面左侧选择"网络版"。

7）选择所要使用的数控系统。

8）输入用户名和密码。

9）勾选"记住我的用户名"和"记住我的密码"。

10）在"服务器"文本框内输入教师机的 IP 地址。

11）单击"运行"按钮进入系统界面。

12）进入系统界面后，通过"帮助"→"关于"菜单，可以看到进入的系统是网络版，如图 1-52 所示。

图 1-51

图 1-52

2. 单机版

1）在图 1-51 所示界面中选择"单机版"，如图 1-53 所示。

图 1-53

2）选择所要使用的数控系统。

3）选择"Web 认证"。

4）单击"运行"按钮进入系统界面。

1.2.3 左侧工具栏

全部命令均可通过单击屏幕左侧工具栏中的按钮来执行。当鼠标移动到各按钮时，系统会立即提示其功能，同时在屏幕底部的状态栏中显示该功能的详细说明。

工具栏按钮功能见表 1-1。

表 1-1

工具栏按钮	功　能	工具栏按钮	功　能
	清空 NC 代码		全屏显示
	打开保存的文件（如 NC 文件）		复位
	保存文件（如 NC 文件）		透视 / 平行投影切换
	另存文件		机床外壳与床身显示 / 隐藏
	参数设置		工件测量
	选择刀具		加工声效
	机床和工件显示模式切换		显示 / 隐藏坐标
	选择毛坯、夹具		显示切削液
	快速模拟		显示 / 隐藏毛坯
	机床门开关		显示 / 隐藏工件
	显示 / 隐藏铁屑		透明显示
	屏幕窗口切换：以固定的顺序来改变屏幕窗口布置		显示 / 隐藏换刀装置
	屏幕整体放大		显示 / 隐藏刀位号
	屏幕整体缩小		显示 / 隐藏刀具
	屏幕放大、缩小		显示 / 隐藏刀轨
	屏幕平移		考试与帮助
	屏幕旋转		录制参数设置
	主视图选择		录制开始
	右视图选择		录制结束
	俯视图选择		远程协助 / 示教功能开始与停止

1.2.4 文件管理工具栏

文件管理工具栏总体功能：可以保存当前的程序文件（*.NC）、刀具文件（*.ct）、工件文件（*.wp）等，保存后的文件可以调入仿真软件。

（1） 按钮　打开文件。在全部代码被加载后，程序进入"自动"模式；在屏幕底部显示代码读入进程。

（2） 按钮　清空 NC 代码。暂时清空编辑窗口中正在被编辑和已加载的 NC 代码（不是删除 NC 代码）。如果需要恢复，在编辑模式下重新调出代码。

（3） 按钮　保存。保存屏幕上编辑的代码，如图 1-54 所示。

（4） 按钮　另存为。把文件以区别于现有文件的新名称保存下来，如图 1-55 所示。

图　1-54　　　　　　　　　　　　　　图　1-55

1）工程文件：把各相关的数据文件（wp 工件文件、NC 程序文件、ct 刀具文件）保存到一个工程文件里（扩展名：*.pj），此文件称为工程文件。工程文件导入之后，仍然需要导入用户所需要的其他数据文件，如需保存整体项目，请使用二进制工程文件进行保存。

2）二进制工程文件：把全部数据保存到一个文件里，包括工件信息、夹具信息、刀具信息、NC 程序信息，这样可以不用保存多个文件。如果不需要单独提取某种信息，可以保存为二进制工程文件。

（5） 按钮　参数设置。

1）"机床操作"设置如图 1-56 所示。

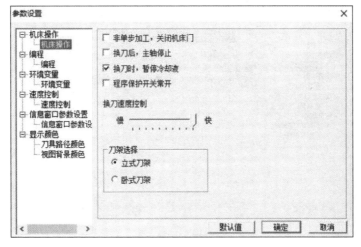

图　1-56

①勾选"非单步加工，关闭机床门"后，在全自动运行的情况下必须关闭机床门。

②勾选"换刀后，主轴停止"后，在换刀结束后主轴会停止转动。

③勾选"换刀时，暂停冷却液"后，在换刀动作执行过程中切削液会暂停工作。

④勾选"程序保护开关常开"后，在编辑程序时不需要再打开程序保护锁。

⑤"换刀速度控制"滑块可以调整换刀机构换刀过程执行的速度。

⑥"刀架选择"可以选择"立式刀架"和"卧式刀架"。

2）"编程"设置如图1-57所示。勾选"脉冲混合编程"后，程序中的数值没有小数点，将以脉冲处理，此时最小单位为μm，如"×100"，实际为"×0.1"。

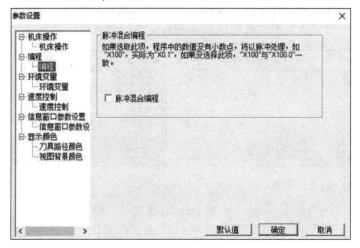

图 1-57

3）"环境变量"设置如图1-58所示。

①勾选"面板提示信息"下的选项后，将鼠标移动到标准面板上会出现面板提示信息。

②勾选"执行多个此程序"下的选项后可以同时打开多个程序。

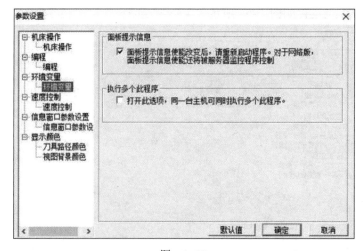

图 1-58

4）"速度控制"设置如图1-59所示，可设置"加工步长"、"加工图形显示加速"及"显示精度"。

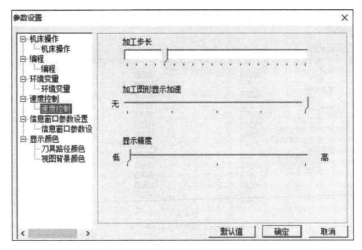

图 1-59

5）"信息窗口参数设置"如图 1-60 所示。"字体颜色设置"可以设置"一般信息""警告信息""错误信息""Monitor 信息"字体的颜色。

① "一般信息"是指正常操作的无异常信息。

② "警告信息"是指一些建议性的提示信息。

③ "错误信息"是指操作机床的报警信息。

④ "Monitor 信息"是指网络版过程查看"开始数控操作测试"的监控信息。

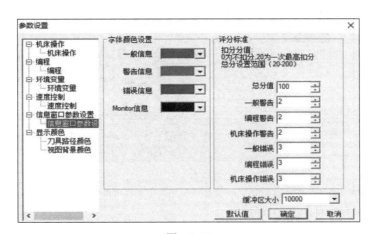

图 1-60

6）"显示颜色"设置分为"刀具路径颜色"和"视图背景颜色"，如图 1-61 和图 1-62 所示。

① "刀具路径颜色"可以设置刀路轨迹的颜色，如果需要恢复最初的颜色，单击"默认值"按钮即可。还可以设置刀具加工之后工件的颜色。

② "视图背景颜色"可以设置"机床视图背景颜色"和"G 代码调试视图背景颜色"。

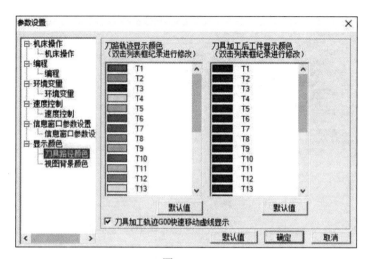

图 1-61

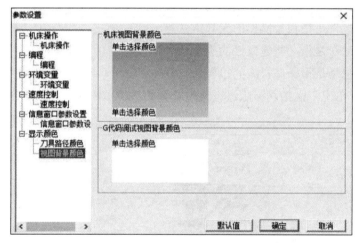

图 1-62

1.2.5 选择刀具

单击 按钮可进行刀具库管理，如图 1-63 所示，刀具库中有各种常见的刀具，目前所支持的刀具类型如图 1-64 所示，其中"直柄立铣刀 1"为三刃立铣刀，"直柄立铣刀 2"为四刃立铣刀。

1）在"刀具库管理"对话框中，单击"添加"按钮可以添加新的刀具，弹出对话框如图 1-65 所示。

2）定义好刀具之后需要把刀具安装到虚拟机床的刀库上，首先在"刀具数据库"中选择一把需要使用的刀具，如图 1-66 所示。

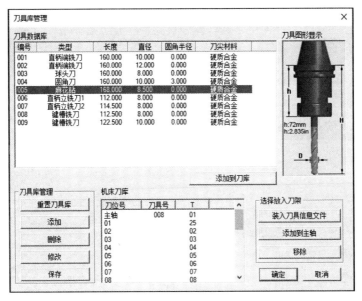

图　1-63

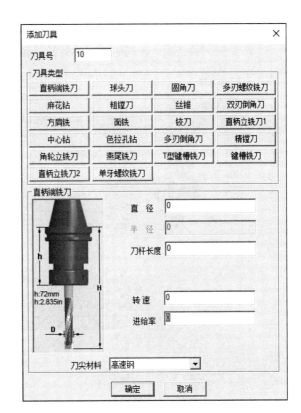

图　1-64

图　1-65

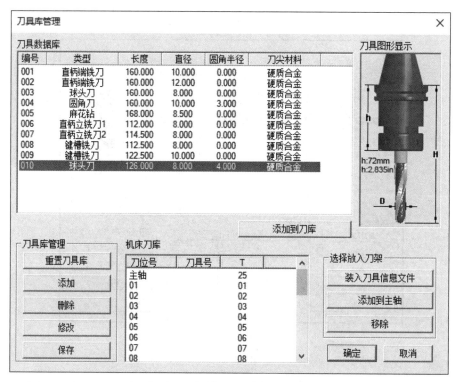

图　1-66

3）选择好刀具之后，被选中的刀具背景呈蓝色，单击"添加到刀库"按钮，如图1-67所示。

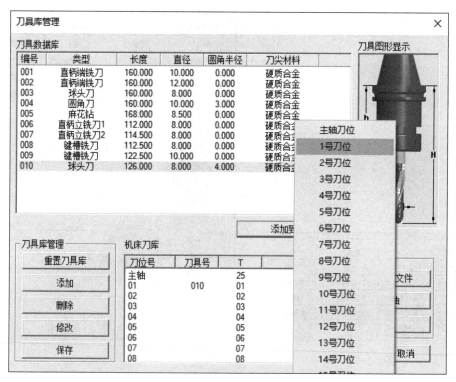

图　1-67

4）在弹出的刀位号中选择需要安装的刀位，例如单击 1 号刀位后，界面如图 1-68 所示。

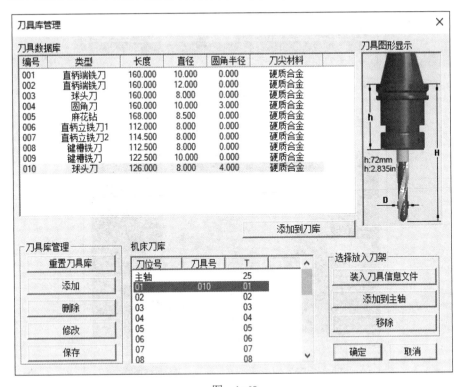

图　1-68

5）被安装使用的刀具不能再被选择安装到其他刀位号上。如果需要使用相同参数的刀具，需重新添加。单击"装入刀具信息文件"按钮可以导入保存的 ct 刀具文件，可在"机床刀库"中选择一把刀具后单击"添加到主轴"按钮，也可以从"机床刀库"中选择一把刀具后单击"移除"按钮。

1.2.6　设置毛坯夹具及工具

单击 按钮可对毛坯夹具及工具进行设置，如图 1-69 所示。

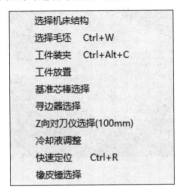

图　1-69

（1）选择毛坯　可以设置毛坯尺寸、材料及颜色，如图 1-70、图 1-71 所示。

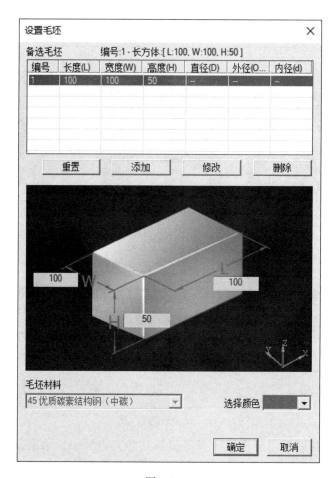

图 1-70

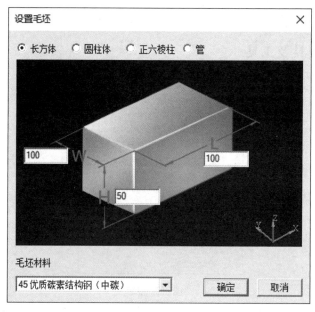

图 1-71

1）单击"重置"按钮可清空备选毛坯库中所有的毛坯。

2）单击"添加"按钮可以添加毛坯，如图 1-72 所示。

3）单击"修改"按钮可以重新设置所选中毛坯的尺寸。

4）单击"删除"按钮可以删除选中的毛坯。

5）"选择颜色"下拉选项可以对毛坯的颜色进行修改。

6）"备选毛坯"列表相当于用户建立的一个毛坯库。

7）毛坯支持导入"stp/step"格式的文件（图 1-72），在 CAD 三维设计软件中保存为此格式即可，导入后的 CAD 模型毛坯如图 1-73 所示。

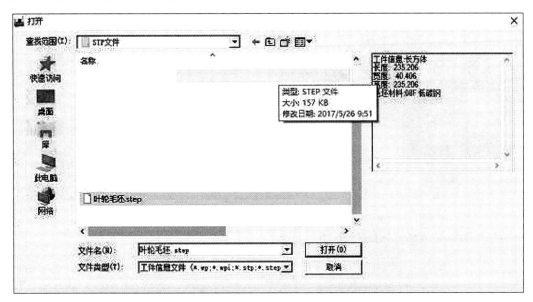

图　1-72

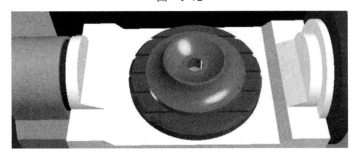

图　1-73

（2）工件装夹　有"直接装夹""工艺板装夹""平口钳装夹"三种方式，如图 1-74 所示。

1）"直接装夹"是指通过压板的方式把工件固定到工作台。

2）"工艺板装夹"是指利用螺钉把工件固定到指定的工艺板上，工艺板通过压板固定到工作台。

3）"平口钳装夹"是最为常见的固定方式，平口钳校准位置固定到工作台上，工件被固定在平口钳上。

（3）工件放置　可以调整工件在工作台上的位置，如图 1-75 所示。

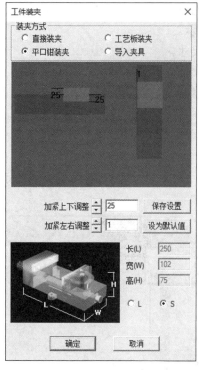

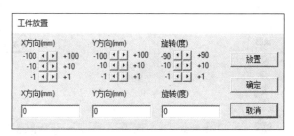

图 1-74　　　　　　　　　　　　　　　图 1-75

（4）基准芯棒选择　如图1-76所示。

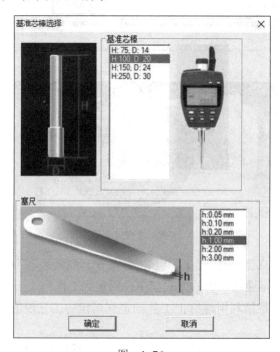

图 1-76

1）选择基准芯棒，共有四种规格供选择，H 代表长度、D 代表芯棒头部直径。

2）选择塞尺，共有六种规格供选择，h 代表塞尺厚度。

3）单击"确定"按钮。

4）基准芯棒和塞尺同时出现，也同时卸载。

（5）寻边器选择　如图1-77所示。

1）共有四种型号的寻边器，其中前三种是机械式偏心寻边器，最后一种是光电式寻边器。

2）选择用户所需要的寻边器类型，单击"确定"按钮，主轴上就会出现所选中的寻边器。

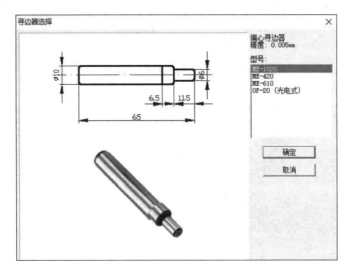

图　1-77

（6）Z向对刀仪选择（100mm）　如图1-78所示。

（7）冷却液软管调整　如图1-79所示。

软管1和软管2分别对应机床上面的切削液管，可以调整长度和角度。

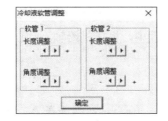

图　1-78　　　　　　　　　　　　　图　1-79

（8）快速定位　如图1-80所示，快速定位可以把主轴上的刀具快速定位到毛坯上表面，共有五个点可供选择，分别是中心点和四个顶点。

（9）安装百分表（图1-69中未示出）　如图1-81所示。

百分表使用的条件为：夹具类型为平口钳且无毛坯安装，主轴上无刀具。

（10）橡皮锤选择　如图1-82所示。

1）橡皮锤使用的条件：在"拾取"[图标]的模式下。

2）在校准工装夹具时是左右敲击，工件安装后是上下敲击。

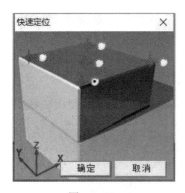

图　1-80

图　1-81

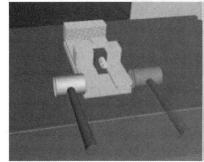

图　1-82

1.2.7　快速模拟加工

单击左侧工具栏中的█按钮进行快速模拟。

1）选择刀具。

2）选择毛坯、工件零点。

3）选择"自动"模式，也可以切换到其他模式。

4）无须加工，单击█按钮快速模拟出加工结果，如需停止模拟再次单击即可。

5）快速模拟过程中，机床进给轴不动作，主轴旋转。

1.2.8　工件测量

单击顶部工具栏中的█按钮后选择"工件测量"，进入 ⊕ ┷ ∠ ◫ ⟁ √ ▣ 界面。

1）六种测量方式分别是直径、长度、角度、螺纹、圆弧、表面粗糙度，工件测量后退出。

2）测量时会弹出"测量定位"对话框，X、Y、Z 三个方向都可以进行剖切，选择剖切点可以直接输入数据，也可以使用快速拖动的方式，"测量定位"原点是工件左下角，可以观察当前鼠标位置，如图 1-83 所示。

3）选择好三个方向的剖切点后，可看到工件俯视图在 X、Y 方向被黄色的剖切线剖切，沿着箭头方向可观察左视图和前视图截面，而工件前视图在 Z 方向被剖切，可观察俯视图截面，这时用户可选择测量方式测量所需要的尺寸，如图 1-84 所示。

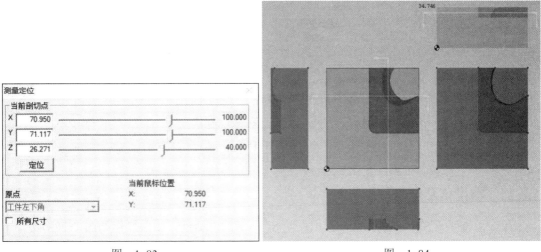

图　1-83　　　　　　　　　　　　图　1-84

1.2.9　刀路测量（调试）

单击顶部工具栏中的██按钮后选择"刀路测量（调试）"，左侧轨迹对应右侧程序。

单击选中某段轨迹，右侧相应程序段会高亮显示，反之亦然，如图 1-85 所示。

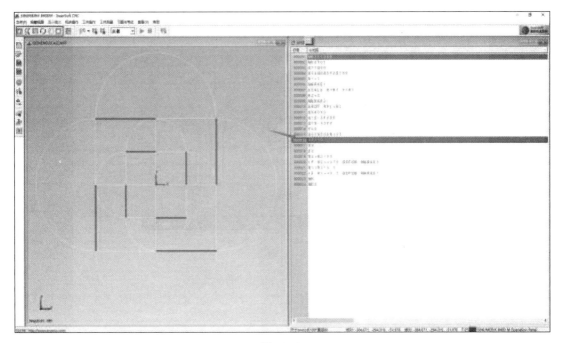

图　1-85

1.2.10　录制参数设置

录制参数设置窗口如图 1-86 所示。

图　1-86

1.2.11　输出信息

单击顶部工具栏中的  按钮，弹出图 1-87 所示的对话框，相关操作如图 1-88 所示。

图　1-87

图　1-88

1）在图 1-87 所示对话框中，"消息模式"选项表示操作过程中提示信息，包含一般信息、警告信息、错误信息、Monitor 信息等；"评分模式"选项表示可以看到每条错误信息中的扣分数据，最终统计出当前得分。

2）消息字体的颜色和扣分数据可以通过参数的设置来完成，单击"参数设置"按钮 ⚙
时，会出现"信息窗口参数设置"窗口，如图 1-88 所示。

3）信息的分类。

① 一般警告：

回参考点！

卸下主轴测量芯棒！

程序保护已锁定，无法编辑！

程序保护已锁定，无法删除程序！

程序没有登记，请先登记！

输入格式为：X***、Y*** 或 Z***（FANUC 测量）！

刀具参数不正确！

刀具库中已有该刀号的刀具，请重新输入刀号！

刀架上无此号的刀具！

自动换刀前，请先卸下测量芯棒！

请把模式打在 Auto、Edit 或 DNC 上，再打开文件！

工件过大，无法放置工件！

② 编程警告：

搜索程序，无 O**** 程序！

程序保护已锁定，无法编辑新的程序号！

③ 机床操作警告：

电源没打开或没通强电！

主轴启动应该在 JOG、HND、INC 或 WHEEL 等模式下！

请关上机床门！

启动 NCSTART，请切换到自动、MDI、示教或 DNC 模式！

④ 一般错误：

请先卸下主轴测量芯棒再启动 NCSTART！

X 方向超程！

Y 方向超程！

Z 方向超程！

⑤ 编程错误：

一般 G 代码和循环程序有问题！

程序目录中，无 O**** 程序！

刀号超界！

半径补偿寄存器号 D 超界！

长度补偿寄存器号 H 超界！

O**** 程序没有登记！无法删除！

子程序调用中，副程序号不存在！

子程序调用中，副程序不正确！

G 代码中缺少 F 值！

刀具补偿没有直线段引入！

刀具补偿没有直线段引出！

⑥机床操作错误：

刀具碰到工作台了！

测量芯棒碰到工作台了！

端面碰到工件了！

刀具碰到了夹具！

主轴没有开启，碰刀！

测量芯棒碰刀！

碰刀！请更换小型号的测量芯棒，或将主轴提起！

1.2.12 习题与考试

通过斯沃数控仿真系统，教师可以实时发送考题给学生，学生完成后可发送给教师评分，教师可控制学生机床操作面板和错误信息的提示。

1）在菜单栏中依次单击"习题与考试"→"习题"，弹出图 1-89 所示的对话框。

图 1-89

2）单击"考试（网络版）"可以看到图 1-90 所示的对话框。待教师机给出"开始考试"的指令后，即可单击"进入系统"按钮进行答题。

3）单击"提交"可以看到以下对话框，如图 1-91 所示，在对话框中可输入考生信息。

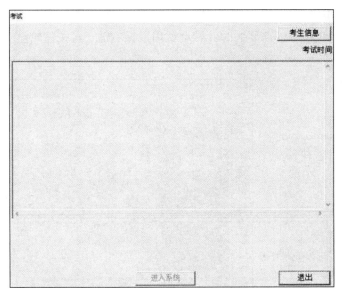

图 1-90

图 1-91

1.2.13 查看

在菜单栏中单击"查看"可以看到图 1-92 所示子菜单。

图 1-92

1.2.14 帮助

在菜单栏中单击"帮助"可以看到图 1-93 所示子菜单。

在"帮助"菜单中单击"检查更新"可以检查当前版本，如图 1-94 所示，如果发现新版本可进行更新。

图 1-93

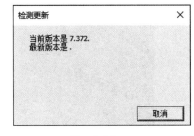

图 1-94

1.2.15 特殊操作

1. 外置手轮的调出方法

单击图 1-95 中的 按钮，弹出外置手轮，如图 1-96 所示。

1）手轮使用方法 1：将鼠标指针移动到手轮盘任意位置，按住鼠标左键拖拽使手轮滚动。

2）手轮使用方法 2：将鼠标指针移动到手轮盘中心位置单击左键一次，需要逆时针转动手轮就用鼠标左键一直按住轮盘中心，需要顺时针转动就用鼠标右键一直按住轮盘中心，直至到达所需位置。

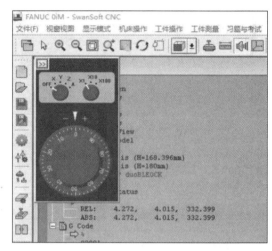

图　1-95　　　　　　　　　　　　　　　　图　1-96

2. 拾取模式下的操作

1）橡胶锤的操作：调出橡胶锤后，默认为拾取模式，将鼠标指针移动到橡胶锤模型上单击左键进行敲击，如果取消了拾取模式，橡胶锤将无法进行敲击操作。

2）圆柱形工件装夹位置的调整：将鼠标移动到工件上，按住左键拖动工件控制上下装夹的位置，卡盘夹持的距离由红色数字表示，如图 1-97 所示。

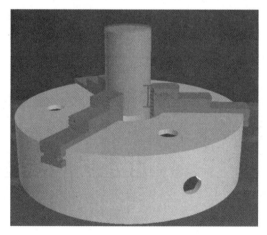

图　1-97

3. 视图树操作

1）机床视图（Machine View）包含全屏（Full Screen）、前视图（Front View）、顶视图（Top View）、右视图（Right View）、复位视图（Reset View）、平行视图（Parallel View）、机床模型（Machine Model），其中机床模型包含 DNM400、DMU60 P duoBLOCK，DNM400 又

分为 4Axis 和 5Axis，如图 1-98 所示，切换机床模型可用单击模型文字名称即可。

2）机床信息（Machine Info）包含主轴状态（Spindle Status）、刀具号（ToolID）、相对坐标（REL）、绝对坐标（ABS）。

3）G 代码信息可展示与自动模式下加工同步的 NC 程序。

4）如需隐藏视图树，可以在视图树上单击鼠标右键，在弹出的对话框中取消勾选"显示视图树"，如图 1-99 所示。

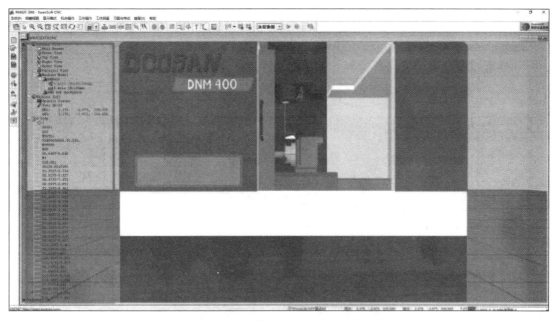

图 1-98

图 1-99

4. 鼠标右键类操作

在视图树中单击鼠标右键，在弹出的对话框中可进行如下操作：快速存入 G54 ～ G59 坐标系数据、整体放大、整体缩小、缩放、平移、旋转、全屏显示、减速仿真、正常仿真、加速仿真、显示视图树、只显示 G 代码、在视图树中显示 G 代码块、跟踪视图树 G 代码以及安装工件，如图 1-100。在工件上单击右键，可对工件进行旋转操作，如图 1-101 所示。

图　1-100

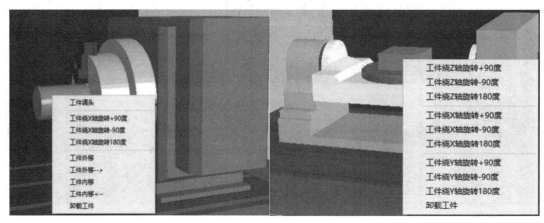

图　1-101

5. 操作面板的选择

系统默认的是标准面板。由于各个厂家有不同的操作面板，同一厂家也有不同型号的操作面板，所以可以在系统中设置自己所需要的面板。默认面板如图 1-102 所示，单击面板右下角的倒三角，可在列表中选择需要的面板，如图 1-103 所示。

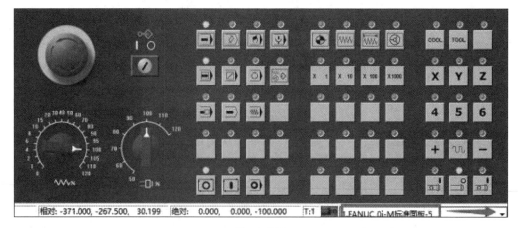

图　1-102

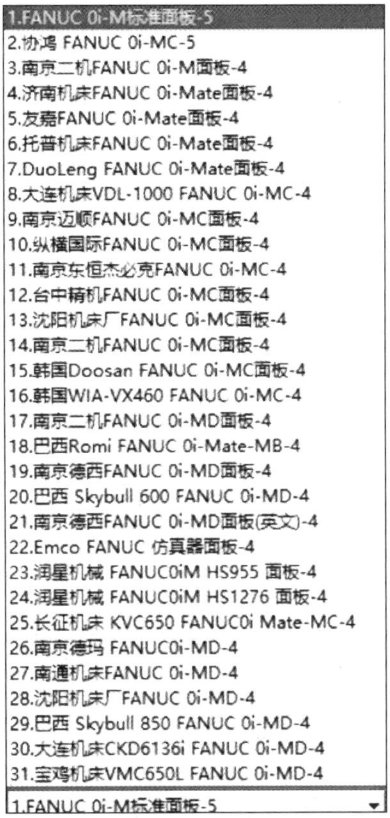

1.FANUC 0i-M标准面板-5
2.协鸿 FANUC 0i-MC-5
3.南京二机FANUC 0i-M面板-4
4.济南机床FANUC 0i-Mate面板-4
5.友嘉FANUC 0i-Mate面板-4
6.托普机床FANUC 0i-Mate面板-4
7.DuoLeng FANUC 0i-Mate面板-4
8.大连机床VDL-1000 FANUC 0i-MC-4
9.南京迈顺FANUC 0i-MC面板-4
10.纵横国际FANUC 0i-MC面板-4
11.南京东恒杰必克FANUC 0i-MC-4
12.台中精机FANUC 0i-MC面板-4
13.沈阳机床厂FANUC 0i-MC面板-4
14.南京二机FANUC 0i-MC面板-4
15.韩国Doosan FANUC 0i-MC面板-4
16.韩国WIA-VX460 FANUC 0i-MC-4
17.南京二机FANUC 0i-MD面板-4
18.巴西Romi FANUC 0i-Mate-MB-4
19.南京德西FANUC 0i-MD面板-4
20.巴西 Skybull 600 FANUC 0i-MD-4
21.南京德西FANUC 0i-MD面板(英文)-4
22.Emco FANUC 仿真器面板-4
23.润星机械 FANUC0iM HS955 面板-4
24.润星机械 FANUC0iM HS1276 面板-4
25.长征机床 KVC650 FANUC0i Mate-MC-4
26.南京德玛 FANUC0i-MD-4
27.南通机FANUC 0i-MD-4
28.沈阳机床厂FANUC 0i-MD-4
29.巴西 Skybull 850 FANUC 0i-MD-4
30.大连机床CKD6136i FANUC 0i-MD-4
31.宝鸡机床VMC650L FANUC 0i-MD-4
1.FANUC 0i-M标准面板-5

图　1-103

零件仿真　　对刀系统操作

数控车仿真

2.1　HNC-808DT 数控系统仿真操作

HNC-808DT 数控系统操作面板如图 2-1 所示。

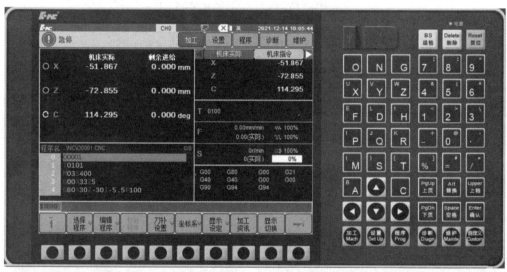

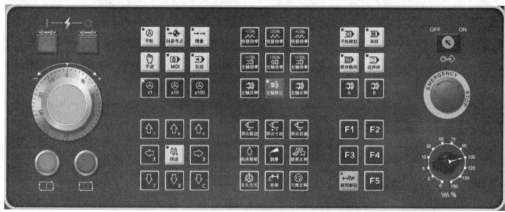

图　2-1

2.1.1 开机操作步骤及 MDI 操作

1）松开红色急停按钮，按 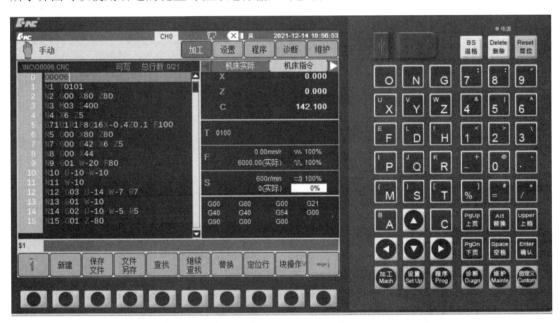 键进入回参考点模式，按 键分别使 X+、Z+ 方向回零。

2）按 键进入 MDI 模式，在 MDI 界面输入 M3 S600（主轴正转，转速为 600min/r）后按 键。按下循环启动按钮 ，此时主轴开始转动。

3）按 键，用手动模式控制机床的正转、反转及停止 。

2.1.2 程序的创建、输入、修改、导入及删除

1）程序创建：依次按 → 键，输入程序的文件名，文件名自动以 O 开头，以数字结尾，按回车键确定。

2）程序的输入与修改：依次按 → 键，即可在程序单界面对程序进行修改，图 2-2 所示界面可以使用右边的键盘对程序进行输入与修改。

图　2-2

3）程序导入：如需要从外部导入 txt 或 NC 格式的程序，可以先创建一个新的程序，然后在"文件"下拉菜单中选择"打开"，选择文件类型为 NC 代码文件，找到文件单击"打开"按钮即可将所需程序导入数控系统中，如图 2-3 所示。

4）程序删除：用鼠标选中程序，按 键即可将其删除。

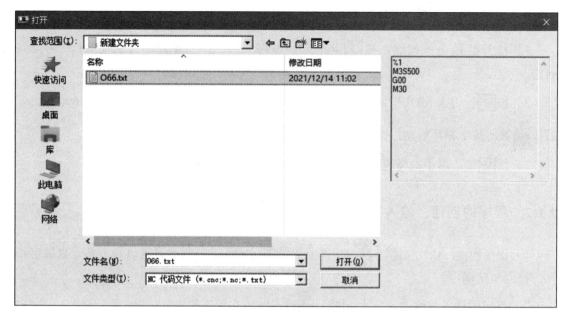

图　2-3

2.1.3　HNC-808DT 系统的几种常用模式

大多数数控系统中都有手轮、回参考点、增量、手动、MDI、自动等常用模式（不同系统中叫法可能有所不同），如图 2-4 所示。

1）手轮：使用手摇脉冲发生器进行机床的各轴进给。

2）回参考点：回机床坐标系的零点位置。

3）增量：每按一次各轴的按键，机床移动一个数值，数值大小可通过 ⊞ ⊞ ⊞ 进行调整。

4）手动：使用图 2-5 所示按键对机床各轴进行移动操作。

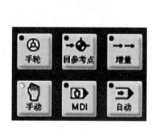

图　2-4

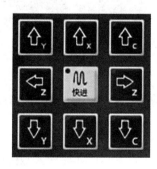

图　2-5

5）MDI：手动数据输入，在 MDI 界面可以输入一段指令让机床运行。

6）自动：在自动模式下机床可以按照用户编好的程序运行。

2.1.4 试切法对刀

试切法对刀是通过对工件试切后经过测量获取当前机械坐标值与机床原点的相对位置，来确定工件坐标系的一种最常用的方法。其原理如图 2-6 所示。

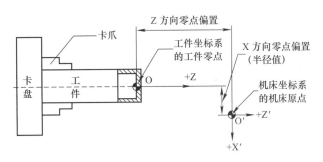

图　2-6

具体步骤如下：

1）让主轴正转：使用 MDI 模式，在 MDI 模式下输入 M3 S800，单击"输入"按钮，如图 2-7 所示。按下循环启动按钮 ◎，主轴正转。

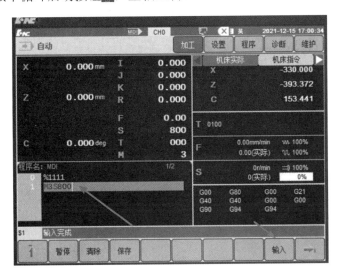

图　2-7

2）使用手动或手摇模式操作机床试切工件端面，单击"设置"按钮，在设置页面找到对应的刀具号，单击试切长度后输入 0，确定 Z 轴偏置。

3）使用手摇模式，试切工件外圆，沿着 Z 轴负方向切削零件外圆，然后沿着 Z 轴正方向退刀远离工件。

4）使用测量功能，测量出试切后的直径，输入至设置页面中对应刀号的试切直径中，确定 X 轴刀具偏置，完成 X 与 Z 的偏置输入，如图 2-8 所示。

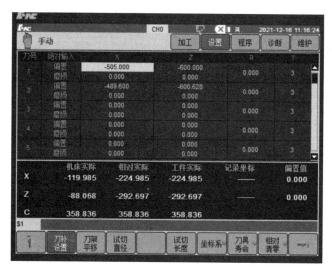

图 2-8

5）在 R 列输入刀尖半径，根据实际刀具的半径填写，一般刀具包装标有刀尖半径值。

6）在 T 列输入对应的刀尖方位号，关于刀具方位号的含义如下：车刀形状很多，使用时安装位置也各异，由此决定刀尖圆弧所在位置。要把代表车刀形状和位置的参数输入到数据库中。刀尖半径补偿参数包括刀尖圆弧半径 R 和刀尖方位代码 T，刀尖方位代码 T 表示刀尖圆弧的位置。假想用 0～9 来表示刀尖方位，如图 2-9 所示。

由图可知，无论是前置刀架还是后置刀架，外圆车刀加工时的刀尖方位为 3，内孔刀车削时刀尖方位为 2。在加工前要将刀具半径和刀尖方位输入到刀具参数中，加工时系统自动调用刀具半径补偿，完成补偿过程，加工出符合要求的工件。

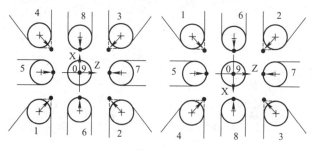

图 2-9

2.1.5 G54 ～ G59 坐标偏移法对刀

G54 ～ G59 坐标偏置一般在改变了工件的装夹长度后用到。例如：第一次装夹长度为 170mm，对好四把刀具之后，需要掉头装夹，可以利用坐标偏移法来进行编程，即可省略其他刀具的对刀步骤。

具体操作步骤如下：

1）把四把刀具通过试切法对刀，同时把基准刀具停留在工件零点位置，如图 2-10 所示。单击"设置"按钮进入设置页面，如图 2-11 所示。

2）在设置页面按向上按钮或 坐标系 按钮进入坐标系页面，如图 2-12 所示。

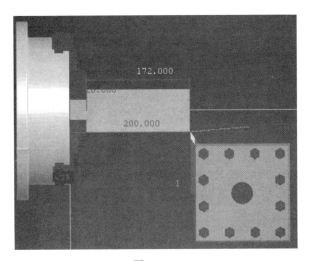

图 2-10

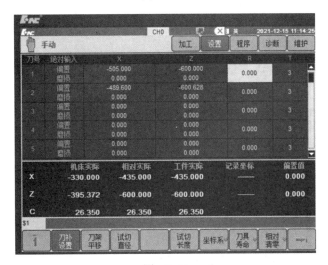

图 2-11

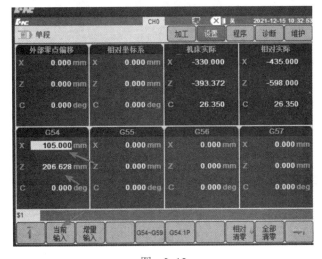

图 2-12

3）单击"当前输入"按钮，把当前机械坐标调入 G54 的 X 与 Z 坐标中记录。系统提示"是否将当前位置设为选中工件坐标系零点？"，按"Y"键确定。

4）此时可以输入以下程序段进行对刀验证：

```
%1
G54（调入 G54 坐标位置）
T0101（换 1 号刀）
G00X70Z0（移动到直径为 70、长度为 0 的工件零点位置）
Z100（退刀）
T0202（换 2 号刀）
G00X70Z0（移动到直径为 70、长度为 0 的工件零点位置）
Z100（退刀）
T0101（换 1 号刀）
M30（程序结束）
```

5）利用 按钮移动工件，当装夹长度由 172 变换至 170 时，刀具的位置应该如图 2-13 所示，然后在 G54 坐标界面的 Z 值中，单击"增量输入"按钮，输入 −2。此时 Z 值由 206.628 变换为 204.628，如图 2-14 所示。

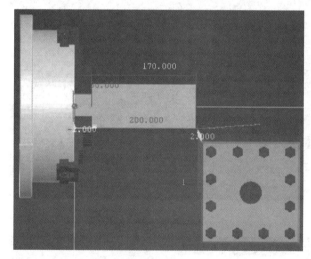

图 2-13

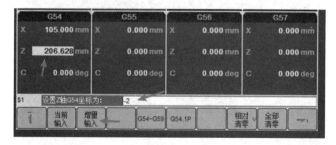

图 2-14

在自动模式下，选择当前程序，按循环启动按钮 ，运行验证程序观察刀具是否到达工件零点位置，如图 2-15 所示。

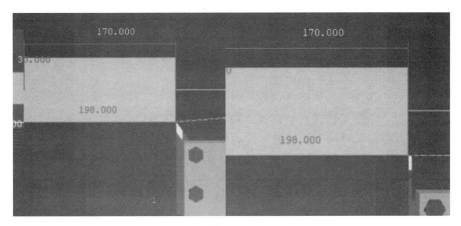

图　2-15

> **小结**
>
> 　　当工件装夹长度改变，例如调头装夹、更换工件时，可以利用 G54 坐标偏移法快速完成坐标的偏置，实现只要刀具位置不改变，对一次刀之后就不用再次重复对刀的操作。

2.2　GSK 980TDb 数控系统仿真操作

　　GSK 980TDb 数控系统采用集成式操作面板，面板划分如图 2-16 所示。

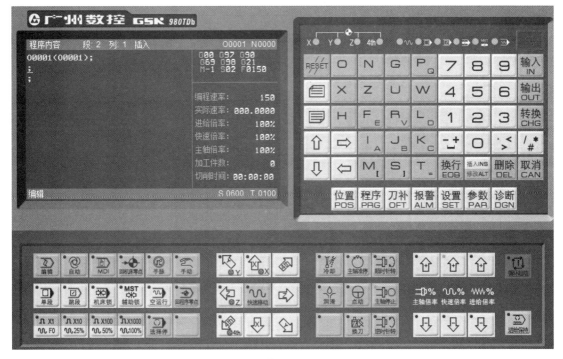

图　2-16

（1）状态指示　用于指示当前功能所处的状态，指示灯亮时表示相应功能有效，指示灯灭时表示相应功能无效。

（2）屏幕显示区　人机交互窗口，用于当前页面、信息的显示。

（3）编辑键盘　用于各类指令地址、数据的输入等。

（4）显示菜单　用于显示界面的切换。

（5）机床面板　用于工作模式的切换、控制机床动作等。

常用机床面板按键（不同系统按键可能有所不同）及说明见表2-1。

表　2-1

按　键	名　称	功 能 说 明
编辑	"编辑"模式选择键	在"编辑"模式下，可以进行零件程序的建立、输入和修改等操作
自动	"自动"模式选择键	在"自动"模式下，可运行已编辑好的加工程序
录入	"录入"模式选择键	在"录入"模式下，可进行单个指令段的输入、执行以及参数的修改等操作
机械零点	"机械零点"模式选择键	在"机械零点"模式下，可分别手动执行X轴、Z轴回机械零点操作
手轮	"手轮"模式选择键	进入"手轮"工作模式，可使系统按选定的增量进行移动
手动	"手动"模式选择键	在"手动"模式下，可进行手动进给、手动快速、主轴启停、切削液开关、润滑液开关、手动换刀等操作
程序零点	"程序零点"模式选择键	在"程序零点"模式下，可分别执行X轴、Z轴回程序零点操作
运行	循环启动键	程序运行启动
暂停	进给保持键	程序运行暂停
冷却	切削液开关键	切削液开/关
换刀	手动换刀键	手动顺序换刀
正转 停止 反转	主轴控制键	手动控制主轴正转 手动控制主轴停止 手动控制主轴反转

（续）

按　键	名　称	功　能　说　明
〔∿〕	快速开关	快速 / 进给速度切换
〔↘〕〔↑〕 〔←〕〔∿〕〔→〕 〔　〕〔↓〕〔↙〕	手动进给键	"手动"模式下，可控制 X 轴、Y 轴、Z 轴的正向 / 负向移动
〔X⊙〕〔Y⊙〕〔Z⊙〕	手轮控制轴选择键	"手轮"模式 X 轴、Y 轴、Z 轴选择
〔⊓ 0.001〕〔⊓ 0.01〕〔⊓ 0.1〕	手轮增量选择键	手轮每转一格移动 0.001mm/0.01mm/0.1mm

2.2.1　显示菜单

GSK 980TDb 数控系统有 7 个显示菜单键用于切换不同的显示界面，每个显示界面下又含有多个显示页面。显示界面与工作模式无关，在任何一种工作模式下都可以进行显示界面切换。按下某一个按键则进入相应的显示界面（见表 2-2）。每个显示界面下的显示页面又可以通过翻页键〔≣〕与〔≡〕进行显示页面切换。

表　2-2

按　键	功　能　说　明
位置 POS	进入位置界面。位置界面有相对坐标、绝对坐标、综合坐标、坐标 & 程序四个页面
程序 PRG	进入程序界面。程序界面有程序内容、程序目录、程序状态、文件目录四个页面
刀补 OFT	进入刀补、宏变量、刀具寿命管理界面（参数设置），反复按键可在三界面之间转换。刀补界面可显示刀具偏置磨损；宏变量界面可显示 CNC 宏变量；刀具寿命管理界面可显示当前刀具寿命的使用情况并设置刀具的组号
报警 ALM	进入报警界面、报警日志，反复按键可在两界面之间转换。报警界面有 CNC 报警、PLC 报警两个页面；报警日志可显示产生报警和清除报警的历史记录
设置 SET	进入设置、图形界面（GSK 980TDb 特有），反复按键可在两界面之间转换 设置界面有开关设置、参数操作、权限设置、梯形图设置（2 级权限）、时间日期显示（参数设置）；图形界面可显示进给轴的移动轨迹
参数 PAR	进入状态参数、数据参数、螺补参数、U 盘高级功能界面（识别 U 盘后）。反复按键可在各界面之间转换
诊断 DGN	进入 CNC 诊断、PLC 状态、PLC 数据、机床软面板、版本信息界面。反复按键可在各界面之间转换。CNC 诊断、PLC 状态、PLC 数据界面显示 CNC 内部信号状态、PLC 各地址、数据的状态信息；机床软面板可进行机床软键盘操作；版本信息界面显示 CNC 软件、硬件及 PLC 的版本号

2.2.2　位置界面

按〔位置 POS〕键进入位置界面。位置界面有相对坐标、绝对坐标、综合坐标、坐标 & 程序四个页面，通过 ▤ 键或 ▤ 键查看。

（1）绝对坐标显示页面　显示的 X、Z 坐标值为刀具在当前工件坐标系中的绝对位置，CNC 上电时 X、Z 坐标保持，工件坐标系可由 G50 指定，如图 2-17 所示。

图　2-17

　　在编辑、自动、录入模式下显示"编程速率"；在机床回零、程序回零、手动模式下显示"手动速率"；在手脉模式下显示"手脉增量"；在单步模式下显示"单步增量"。

实际速率：实际加工中，进给倍率运算后的实际加工速度。

进给倍率：由进给倍率开关选择的倍率。

快速倍率：显示当前的快速倍率。

主轴倍率：当参数 No.001 的 Bit4 位设定为 1 时，显示主轴倍率。

加工件数：当程序执行完 M30（或主程序中的 M99）时，加工件数加 1。

切削时间：当自动运转启动后开始计时，时间单位依次为 h、min、s。

S0600：主轴编码器反馈的主轴转速（必须安装主轴编码器才能显示主轴的实际转速）。

T0100：当前的刀具号及刀具偏置号。

加工件数和切削时间掉电记忆，清零方法如下：

加工件数清零：先按住 取消CAN 键，再按 N 键。

切削时间清零：先按住 取消CAN 键，再按 T. 键。

（2）相对坐标显示页面　显示的 U、W 坐标值为当前位置相对于相对参考点的坐标，CNC 上电时 U、W 坐标保持。U、W 坐标可随时清零。U、W 坐标清零后，当前点为相对参考点。当 CNC 参数 No.005 的 Bit1 = 1、用 G50 设置绝对坐标时，U、W 与设置的绝对坐标值相同，如图 2-18 所示。

U、W 坐标清零的方法：

在相对坐标显示页面下按住 U 键直至页面中 U 闪烁，按 取消CAN 键，U 坐标值清零。

在相对坐标显示页面下按住 W 键直至页面中 W 闪烁，按 取消CAN 键，W 坐标值清零。

（3）综合坐标显示页面　在综合坐标显示页面中，同时显示相对坐标、绝对坐标、机床坐标（图中为"机械坐标"）、余移动量（余移动量只在"自动"及"录入"模式下显示）。机床坐标的显示值为当前位置在机床坐标系中的坐标值，机床坐标系是通过回机床零点建立的。余移动量为程序段或 MDI 代码的目标位置与当前位置的差值，如图 2-19 所示。

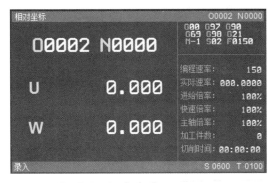

图 2-18

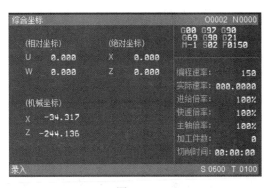

图 2-19

（4）坐标 & 程序显示页面 在坐标 &
程序显示页面中，同时显示当前位置的绝
对坐标、相对坐标（若状态参数 No.180 的
Bit0 位设置为 1，则显示当前位置的绝对坐
标、余移动量）及当前程序的程序段，在程
序运行时，显示的程序段动态刷新，光标位
于当前运行的程序段，如图 2-20 所示。

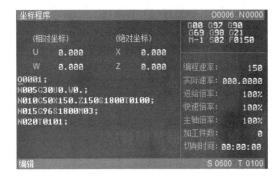

图 2-20

2.2.3 程序界面

按 程序/PRG 键进入程序界面，程序界面有程序内容、程序状态、程序目录、文件目录四个页面，
通过反复按 程序/PRG 键可在各页面之间切换。

（1）程序内容页面 在程序内容页面中，显示包括当前程序段在内的程序内容。在"编
辑"模式下按 ▤ 键、▤ 键分别向前、向后查看程序内容，如图 2-21 所示。

（2）程序状态页面 在程序内容页面时，按 程序/PRG 键将进入程序状态页面，如图 2-22
所示。

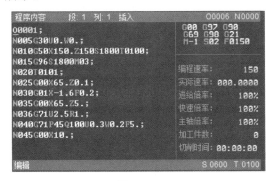

图 2-21

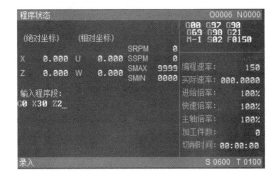

图 2-22

（3）程序目录页面 在程序状态页面时，按 程序/PRG 键将进入程序目录页面。该页面列出了
所有的加工程序，为方便用户查找想要选取的程序，系统在页面下方显示了当前程序的前 3
行程序段，如图 2-23 所示。

程序目录页面显示的内容：

1）程序个数：显示 CNC 最多可存储的零件程序个数。

2）已存个数：显示 CNC 中已存入的程序（包括子程序）数。

3）存储容量：显示 CNC 存储零件程序的最大容量。

4）已用容量：显示 CNC 已存入的零件程序占用的存储容量。

5）程序目录：按零件程序名依次显示存入零件程序的程序号。

6）程序大小：显示 CNC 当前光标所在程序所占存储空间的大小。

（4）文件目录页面　在程序目录页面时，按程序键将进入文件目录页面，如图 2-24 所示。

图 2-23　　　　　　　　　　　　　　　图 2-24

（5）刀补界面　刀补键为复合键，从其他显示页面按一次刀补键进入刀具偏置 & 磨损界面，再按一次刀补键进入宏变量界面。

1）刀具偏置 & 磨损界面：刀具偏置 & 磨损界面共有 7 个页面，共有 33 个偏置、磨损号（No.000 ～ No.032）供用户使用，可通过键、键切换各页面，如图 2-25 所示。

2）宏变量界面：宏变量界面有 20 个页面，可通过键、键切换各页面，宏变量页面共显示 600 个（No.100 ～ No.199 及 No.500 ～ No.999）宏变量，宏变量值可通过宏代码指定或用键盘直接设置，如图 2-26 所示。

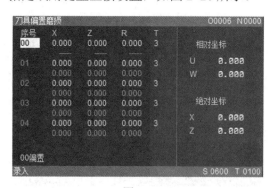

图 2-25　　　　　　　　　　　　　　　图 2-26

2.2.4　报警界面

按报警键进入报警界面，可通过键、键查看全部报警，如图 2-27 所示。

图　2-27

 注

按 [RESET] 键可清除报警内容。

2.2.5 程序编辑

在"编辑"模式下，可建立、选择、修改程序。为防程序被意外修改、删除，GSK 980TDb 设置了程序开关。编辑程序前，必须打开程序开关。

2.2.6 新程序的建立

编辑新的零件程序时，需首先建立一个新的空零件程序。可通过以下方法建立新的零件程序：

1）选择"编辑"模式，再按 [程序PRG] 键，进入程序内容显示页面。

2）按地址键 [O]，再按数字键 [0]、[0]、[0]、[1]（以建立 O0001 程序为例）。

3）按 [换行EOB] 键，CNC 会建立一个新程序，如图 2-28 所示。

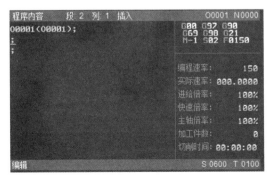

图　2-28

2.2.7 程序内容的输入

在"编辑"模式下，建立好零件程序后，按照编制好的零件程序逐个输入，每输入一个字符在屏幕上立即显示（如为复合键，反复按键可实现交替输入），一个程序段输入完毕，按换行键换行。依次输入其他程序段，直到程序输入完毕。输入完毕后，按复位键RESET，可使光标返回程序开头。

2.2.8　字符的删除与插入

如在输入过程中输入有误，可将错误字符删除。按取消CAN键可删除光标前的字符；按删除DEL键可删除光标后的字符。

如果想在已编好的程序段中插入新的程序指令，可按以下方法执行：

1）将光标移至需插入位置，此时光标为一下划线（如G0），表示当前字符为插入状态；如果光标为矩形反显（如G0）则为修改状态，按插入INS 修改ALT键可切换字符输入的状态。

2）输入需要插入的字符。在 G0 的前面插入 G98，依次按 G 、 9 、 8 、↵键（空格键需连续按两次）后，显示页面如图 2-29 所示。

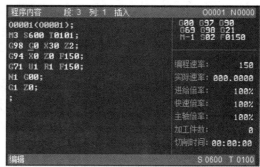

图　2-29

2.2.9　程序的选择

当 CNC 中已存有多个程序时，可通过以下方式选择程序：

1）选择"编辑"或"自动"模式，再按程序PRG键，进入程序内容显示页面。

2）按地址键O，再键入程序号。

3）按↓键，在显示画面上显示检索到的程序，若程序不存在，CNC 出现报警。

2.2.10　程序的执行

选择需执行的程序并对好刀具后，选择"自动"模式，按循环键，程序自动运行。运行过程中可按暂停键使程序暂停执行。需要特别注意的是，螺纹切削时，此功能不能使动作立即停止。

> **注**
>
> 　　程序的运行是从光标的所在行开始的，所以在按下循环启动按钮之前应先检查光标是否在需要运行的程序段上。

2.2.11 常用手动操作

1. 手动进给、手动快速移动

1）按 ![键] 键选择"手动"模式，键上的指示灯点亮，进入"手动"工作模式。

2）按住 ![键] 或 ![键] 键可使 X 轴向正向或负向移动，松开按键时 X 轴运动停止；按住 ![键] 或 ![键] 可使 Z 轴向正向或负向移动，松开按键时 Z 轴运动停止；也可同时按住 X、Z 轴的方向键实现两个轴的同时运动。在移动过程中进给倍率实时修调有效。

3）进入"手动"模式后，按下 ![键] 键，使状态指示区的指示灯点亮则进入手动快速移动状态。此时再按步骤 2）所示方法移动轴，轴将以快速移动速度移动，在移动过程中快速倍率实时修调有效。再按下 ![键] 键，指示灯熄灭则回到手动进给状态。

4）速度修调：在手动进给时，可按 ![键] 修改手动进给倍率，共有 16 级。

在手动快速移动时，可按 ![键] 或 ![键] 修改手动快速移动的倍率，快速倍率有 F0、25%、50%、100% 四档。

2. 手轮进给

1）按 ![键] 键选择"手轮"模式，键上的指示灯点亮，进入"手轮"工作模式。

2）按 ![键]、![键] 或 ![键] 键，选择移动增量，移动增量会在页面上显示。

3）按 ![键] 或 ![键] 键选择相应的轴。

4）此时即可控制手轮进行进给操作。手轮进给方向由手轮旋转方向决定。一般情况下，手轮顺时针方向为正向进给，逆时针方向为负向进给。

3. 手动换刀

在手动 / 手轮工作模式下按 ![键] 键，CNC 将按顺序依次换刀。

> **⚡ 注**
>
> 换刀前必须先把刀架移到安全位置，否则可能出现撞刀。

4. 主轴旋转控制

在手动 / 手轮工作模式下按 ![键] 键，主轴正转（需指定主轴转速 S 后主轴才会旋转）。

在手动 / 手轮工作模式下按 ![键] 键，主轴停止。

在手动 / 手轮工作模式下按 ![键] 键，主轴反转（需指定主轴转速 S 后主轴才会旋转）。

主轴倍率的修调：在"手动"模式下，当选择模拟电压输出控制主轴速度时，可修调主轴速度。

按 [图] 键可修调主轴倍率，改变主轴速度，可实现主轴倍率 50% ～ 120% 共 8 级实时调节。

> 注
>
> 如果卡盘上夹有工件，主轴旋转前，请确保卡盘已夹紧。

5. 切削液控制

在任意工作模式下，按 [图] 键可实现切削液开 / 关状态切换。

6. 紧急操作

在加工过程中，由于用户编程、操作以及产品故障等原因，可能会出现一些意想不到的结果，此时必须使机床立即停止工作。本节描述的是在紧急情况下 GSK 980TDb 所能进行的处理，其他数控机床在紧急情况下的处理请见机床制造厂的相关说明。

（1）进给保持　机床运行过程中可按 [图] 键使运行暂停。需要特别注意的是，螺纹切削、循环指令运行时，此功能不能使动作立即停止。

（2）复位　机床异常输出、坐标轴异常动作时，按 [图] 键可使系统处于复位状态。此时所有轴运动停止，M、S、T 功能输出无效，自动运行停止。

（3）急停　机床运行过程中存在危险或紧急情况时按急停按钮 [图]（外部急停信号有效时），系统即进入急停状态，此时机床移动立即停止，所有的输出（如主轴的转动、切削液等）全部关闭，并将出现急停报警。松开急停按钮解除急停报警。

注 1：解除急停报警前先确认故障已排除。

注 2：在上电和关机之前按下急停按钮可减小设备的电冲击。

（4）切断电源　机床运行过程中存在危险或紧急情况下可立即切断机床电源，以防事故发生。但必须注意，切断电源后 CNC 显示坐标与实际位置可能有较大偏差，必须进行重新对刀等操作。

2.2.12　录入操作

在"录入"模式下，可进行指令字的输入及执行。

2.2.13　指令字的输入

选择录入模式，进入程序状态页面，输入一个程序段 G0 X100 Z50，操作步骤如下：

1）按 [图] 键进入录入模式。

2）按 [图] 键（必要时再按 [图] 键或 [图] 键）进入程序状态页面，如图 2-30 所示。

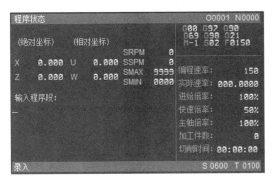

图 2-30

3）依次按地址键 G 、数字键 O 及 输入 键，页面显示如图 2-31 所示。

4）依次按地址键 × 及数字键 1 、 O 、 O 。

5）依次按地址键 Z ，数字键 5 、 O 及 输入 键。

执行完上述操作后页面显示如图 2-32 所示。

图 2-31

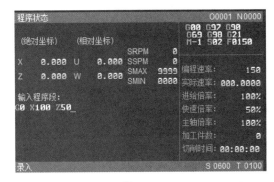

图 2-32

2.2.14 指令字的执行

指令字输入后，按 键执行输入的指令字。运行过程中可按 键、 键以及急停按钮使运行停止。

2.2.15 对刀操作

为简化编程，允许在编程时不考虑刀具的实际位置，可通过对刀操作来获得刀补值数据。

2.2.16 建立坐标系

（1）对 1 号刀　按"程序"键，在 MDI 模式下，输入 T0101 后按"输入"键，最后按下循环启动按钮。

1）对 Z 轴：主轴正转→车端面，X 方向退出（Z 方向不动）→按 键→光标移至 01 偏置处→按 Z 、 O 键→按 输入 键。

2）对 X 轴：主轴正转→车外圆，Z 方向退出（X 方向不动）→停主轴→测量直径→按 键→光标移至 01 偏置处→按 × 键输入刚测量的直径，按 输入 键。

（2）对 2 号刀

1）对 Z 轴：选择"手轮"模式→刀尖碰工件端面（碰到即停）→按 ^{刀补}OFT 键→光标移至 02 偏置处→ Z0 →按 输入IN 键。

2）对 X 轴：选择"手轮"模式→刀尖碰工件外圆（碰到即停）→按 ^{刀补}OFT 键→光标移至 02 偏置处→按 × 键输入刚测量的直径，按 输入IN 键。

（3）对 3、4 号刀　对 3、4 号刀的过程与 2 号刀相同，T0303、T0404 光标移至 03、04 偏置处。

2.2.17　验证刀具

1）按"程序"键进入 MDI 模式，输入 T0101，按"输入"键确定，按下循环启动按钮，再按 G0 输入一个 X 值（试切直径），输入 Z10（安全距离）定位，按下循环启动按钮（观察刀尖与工件外径的位置是否正确）。再次进入 MDI 模式，输入 Z0，按下循环启动按钮（观察刀尖是否与工件端面重合）。

2）按上面步骤操作后，两把刀具刀尖停留的位置应该是同一点，说明对刀正确，否则应重新对刀。

3）验证 2、3、4 号刀，方法同上，即执行 T0202、T0303、T0404 换刀后再定位验证刀具位置。

2.2.18　刀具偏置的修改

按 ^{刀补}OFT 键进入刀具偏置界面，通过 ▤ 键、▤ 键分别显示 No.000 ～ No.032 偏置号。

1. 刀补清零

1）移动光标至要清零的刀具偏置号的位置。

2）如果要把 X 轴的刀补值清零，则按 X 键，再按 输入IN 键。

3）如果要把 Z 轴的刀补值清零，则按 Z 键，再按 输入IN 键。

2. 绝对值输入

1）按 ^{刀补}OFT 键进入刀具偏置页面，按 ▤ 键、▤ 键选择需要的页面。

2）按 ↑ 键、↓ 键移动光标至要输入的刀具偏置号的位置。

3）按地址键 X 或 Z 后，输入数字（可以输入小数点）。

4）按 输入IN 键后，CNC 自动计算刀补值，并在页面上显示出来。

3. 增量值输入

1）将光标移到要变更的刀具偏置号的位置。

2）如要改变 X 轴的刀具偏置值，键入 U；对于 Z 轴，键入 W。

3）键入增量值。

4）按 输入IN 键，把现在的刀补值与键入的增量值相加，其结果作为新的刀具偏置值显示出来。

示例：已设定的 X 轴的刀补值为 5.678，用键盘输入增量 U0.15，则新设定的 X 轴的刀补值为 5.828（＝5.678＋0.15）。

2.2.19 常用操作一览

常用操作见表 2-3。

表 2-3

分 类	功 能	操 作	操作模式	显 示 页 面
清零	X 轴相对坐标清零	[U]→[取消 CAN]		相对坐标
	Z 轴相对坐标清零	[W]→[取消 CAN]		
	加工件数清零	[取消 CAN]→[N]		相对坐标或绝对坐标
	切削时间清零	[取消 CAN]→[T]		
	X 轴刀具偏置值清零	[X]→[输入 IN]		刀具偏置
	Z 轴刀具偏置值清零	[Z]→[输入 IN]		
数据设置	状态参数	参数值→[输入 IN]	"录入"模式	状态参数
	宏变量	宏变量值→[输入 IN]		宏变量
	X 轴刀具偏置增量输入	[U]→偏置增量		刀具偏置
	Z 轴刀具偏置增量输入	[W]→偏置增量		
检索	从光标当前位置向下检索	字符→[↓]	"编辑"模式	程序内容
	从光标当前位置向上检索	字符→[↑]	"编辑"模式	
	从当前程序向下检索	[O]→[↓]	"编辑"模式或"自动"模式	程序内容、程序目录或程序状态
	从当前程序向上检索	[O]→[↑]		
	检索指定的程序	[O]→程序名→[↓]		
删除	光标处字符删除	[删除 DEL]	"编辑"模式	程序内容
		[取消 CAN]	"编辑"模式	
	单程序段删除	光标移至行首→[删除 DEL]	"编辑"模式	
	多程序段删除	[转换 CHG]→[N]→顺序号→[删除 DEL]	"编辑"模式	
	块删除	[转换 CHG]→字符→[删除 DEL]	"编辑"模式	
	单一程序删除	[O]→程序名→[删除 DEL]	"编辑"模式	
	全部程序删除	[O]→[空格_]999→[删除 DEL]	"编辑"模式	
改名	程序的改名	[O]→程序名→[插入 INS]	"编辑"模式	
复制	程序的复制	[O]→程序名→[转换 CHG]	"编辑"模式	
开关设置	打开参数开关	[D L]		开关设置
	打开程序开关	[D L]		
	打开自动序号	[D L]		
	关闭程序开关	[W]		

2.3 FANUC 0i-TF 数控系统仿真操作

FANUC 0i-TF 数控系统面板如图 2-33 所示。

图 2-33

2.3.1 开机操作步骤及 MDI 操作

开机操作步骤及 MDI 操作如下：

1）松开急停按钮 。

2）按 键选择回参考点模式。

3）按 键，即可自动回到机床参考点位置。

4）使用 MDI 模式使主轴正转，按 键进入 MDI 模式，按 键，输入 M3 S600，如图 2-34 所示。

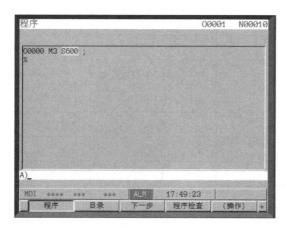

图 2-34

5）在单段模式下，按循环启动键 ，主轴则开始正转。

2.3.2 程序的创建、输入、修改及导入

1）程序创建：单击"编辑"模式键 ，在"编辑"模式下单击"目录"按钮，输入程序名（如 O024），按"INPUT"键，如图 2-35 所示，进入程序编辑状态，如图 2-36 所示。

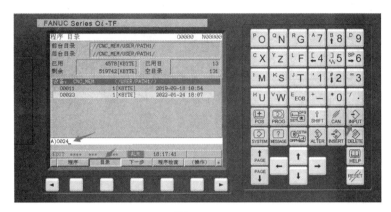

图 2-35

图 2-36

2）输入程序 M3 S800，按换行键"EOB"，输入 G00 X80 Z5。

3）修改程序可使用"ALTER"、"CAN"或"DELETE"键。例如：把光标移至 Z5 下输入 Z10，按"ALTER"键，即可替换为 Z10。如果程序输入错误，如输入 Z10 时多输了一个 0，误输为 100，可以用"CAN"键取消。如果想删除字符，可以用"DELETE"键。

4）导入外部程序：在"编辑"模式下，输入程序名，按"INPUT"键之后单击"文件"下拉菜单，选择文件类型为"NC 代码文件"，找到文件后单击"打开"按钮即可导入数控系统。

5）程序检索查找：在目录下输入要查找的程序名，例如 O01，单击"程序检查"按钮，即可显示出程序。

6）删除程序：在目录下，用光标选中程序名，单击"（操作）"按钮，用 调出"删除"按钮将其删除。

2.3.3　系统常用模式的选用

在图 2-37 所示区域，第一排从左至右模式为：自动、编辑、MDI、DNC、回参考点、手动、手动脉冲、手轮进给。

第二排从左至右模式为：单步、程序跳段、可选择暂停、手动示教。

×1、×10、×100、×1000 的含义为手动脉冲对应的移动距离为 0.0001mm、0.001mm、0.01mm、0.1mm。

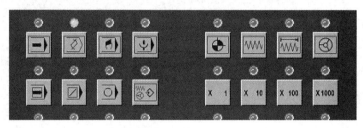

图　2-37

2.3.4　试切法对刀

1）试切法对刀的原理和方法已经在华中数控和广州数控系统部分讲过，这里只演示 FANUC 系统的操作步骤，选择外圆刀来进行对刀。

2）试切工件端面，按 ⬚ 键，单击"输入"按钮，输入 Z0，单击"测量"按钮，偏置值则自动输入选中的 Z 轴偏置中。

3）试切工件外圆，沿 Z 向退刀，在对应的刀号中输入测量后的直径值，例如在 1 号刀中输入 X80，单击"测量"按钮，完成 X 向对刀。

4）输入刀尖半径值以及刀尖方位值，例如输入刀尖半径 0.4，输入后单击"输入"按钮即可，如图 2-38 所示。其中，"＋输入"按钮含义为增量输入，例如输入 0.4 后单击"＋输入"按钮，即变成 0.8。

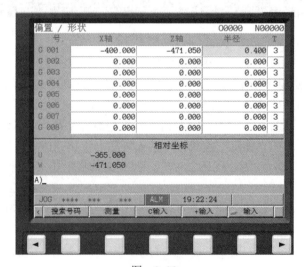

图　2-38

2.3.5　G54 坐标偏移法对刀

1）按两次 [OFS/SET] 键，选中工件坐标系，如图 2-39 所示。在 G54 的 X 值中输入试切直径 35，单击"测量"按钮，即可完成 X 向的偏置输入。试切端面后在 Z 值中输入 0，单击"测量"按钮，即可完成 Z 向的偏置输入。

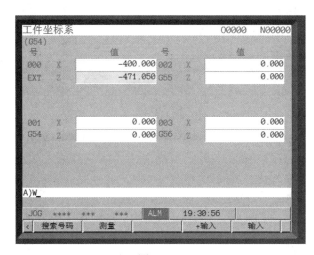

图　2-39

2）多个零件的批量加工即可使用该坐标偏移法，可参照华中数控系统中的程序和原理方法完成操作。

2.3.6　相对清零的操作

有时会用到相对清零功能来控制零件尺寸，按"POS"键进入综合位置界面，单击"相对"按钮，输入 U，此时 U 闪烁，依次单击"起源"→"执行"按钮，即可完成 X 向的坐标清零操作，输入 W，此时 W 闪烁，依次单击"起源"→"执行"按钮，即可完成 Z 向坐标清零操作，如图 2-40、图 2-41 所示。

2.3.7　自动运行程序的操作

在"编辑"模式中输入程序名，例如 O03，依次单击"（操作）"→"检索程序"按钮，按 [按键] 键进入"自动"模式，按循环启动键 [按键] 开始加工程序，如果想要用"单段"模式开启单步即可，此时运行一段程序机床便会停止，如图 2-42、图 2-43 所示。

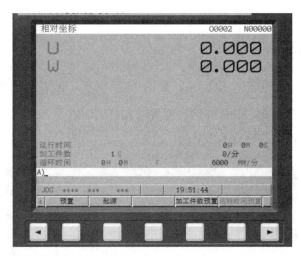

图 2-40

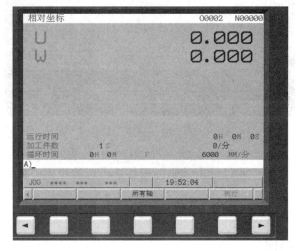

图 2-41

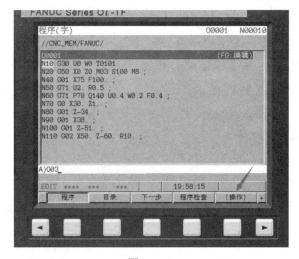

图 2-42

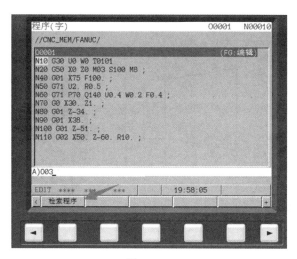

图　2-43

2.4　数控车典型零件加工案例

1. 加工仿真任务图

加工仿真任务图如图 2-44 ～图 2-46 所示。

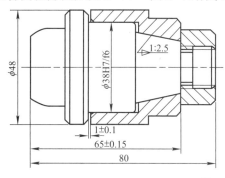

图　2-44

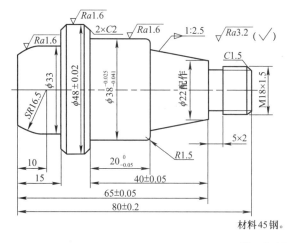

材料45钢。

图　2-45

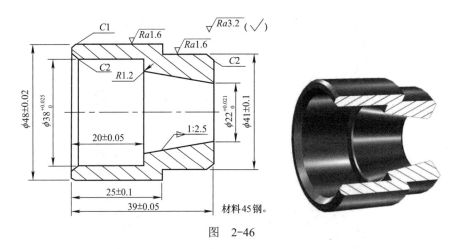

图　2-46

2．机床与系统选用

打开仿真软件，选择"华中数控 HNC-808DT"，选择机床结构为"ESK40"，如图 2-47 所示。

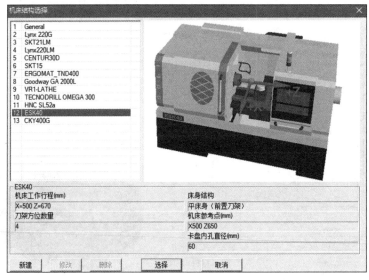

图　2-47

2.4.1 添加毛坯与刀具

1）添加毛坯：由图样可知，零件最大直径为 48mm，所以选择直径为 50mm、长度为 81mm 的毛坯即可。设置完成后单击"确定"按钮，如图 2-48 所示。

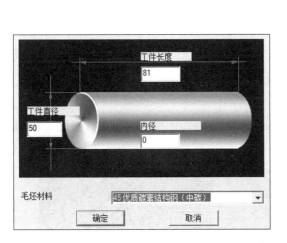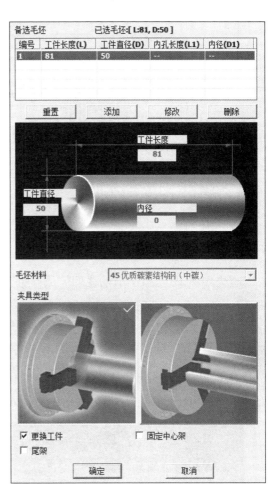

图 2-48

2）设置轴体零件的加工刀具：打开刀具数据库，选择编号为 003 的刀具，按住鼠标左键将其拖拽至"机床刀库"中的刀位号 01 作为粗车刀具，完成 1 号刀具的装填；选择编号为 002 的刀具，将其拖拽至"机床刀库"中的刀位号 02 作为精车刀具，完成 2 号刀具的装填；选择编号为 007 的刀具，将其拖拽至"机床刀库"中的刀位号 03 作为切槽刀具，完成 3 号刀具的装填；选择编号为 011 的刀具，将其拖拽至"机床刀库"中的刀位号 04 作为外螺纹刀具，完成 4 号刀具的装填，如图 2-49 所示。

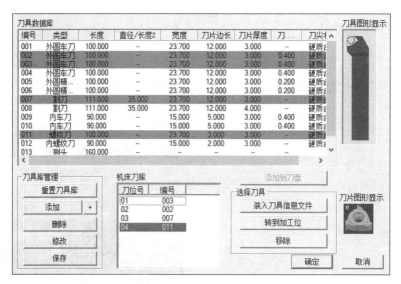

图　2-49

2.4.2　快速对刀操作

首先参照书中 2.1.1 节的说明完成开机操作。如果使用试切法或偏置法对刀，可参照书中 2.1.4 节或 2.1.5 节的方法进行操作。

为了以后方便编程练习，这里采用快速定位功能进行快速对刀（该方法现实中不可用）。

单击　快速定位　按钮，直接选择零件的右侧端面中心处，单击"确定"按钮，机床刀具自动定位至工件中心处，如图 2-50 所示。

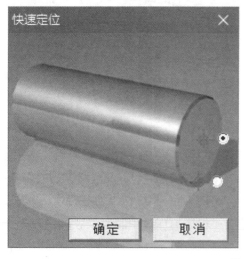
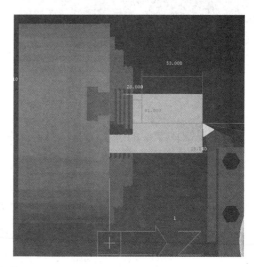

图　2-50

使用手动模式操作机床向右侧 Z 轴正方向移动机床，使刀具远离工件，换其他刀具完成其余三把刀的对刀操作。

2.4.3　零件数控程序的编制

1. 车削零件左端参考程序（见表 2-4）

表　2-4

程序段号	程序内容	程序段号	程序内容
N010	T0101；	N120	X44；
N020	G99 M03 S600；（FANUC 系统） G95 M03 S600；（华中系统）	N130	X48 Z–17；
N030	M08；	N140	Z–25；
N040	G00 X50 Z2；	N150	G40 X52；
N050	如果使用 FANUC 系统编程，则使用该格式： G71 U2 R0.5； G71 P70 Q150； U0.5 W0.05 F0.25；	N160	M09；
N060	使用华中数控系统编程，则使用该格式： G71 U2 R0.5； P70 Q150 X0.5 Z0.05 F0.25；（华中系统精加工在此行下需要换 T0202 号刀）	N170	G00 X200 Z100；
		N180	M08；
N070	G42 G00 X0 S1000；	N190	T0202；（FANUC 精加工刀）
N080	G01 Z0 F0.10；	N200	G00 X50 Z2；
N090	X26.25；	N210	FANUC 系统精加工循环程序段： G70 P70 Q150；（华中系统不需要写这一段）
N100	G03 X33 Z–10 R16.5；	N220	G00 X200 Z100；
N110	G01 Z–15；	N230	M30；

2. 车削零件左端具体操作步骤

1）单击"新建"按钮，输入程序名 O123，按回车键，如图 2-51 所示。

2）使用键盘输入程序，输入完成之后保存程序，如图 2-52 所示。

3）使用软键盘单击"选择程序"按钮，如图 2-53 所示。

4）单击关上机床门，按 ![键] 键和循环启动按钮 ![按钮]，加工出右端形状，如图 2-54 所示。

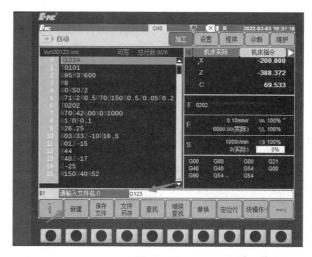

图 2-51

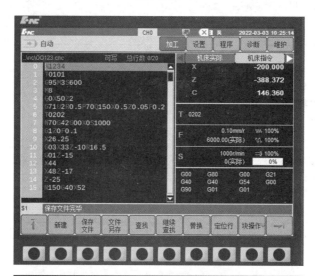

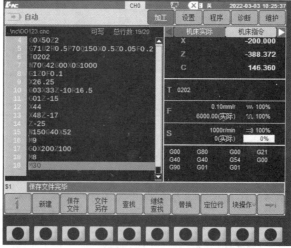

图 2-52

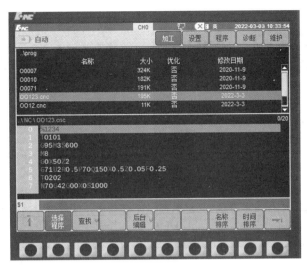

图 2-53

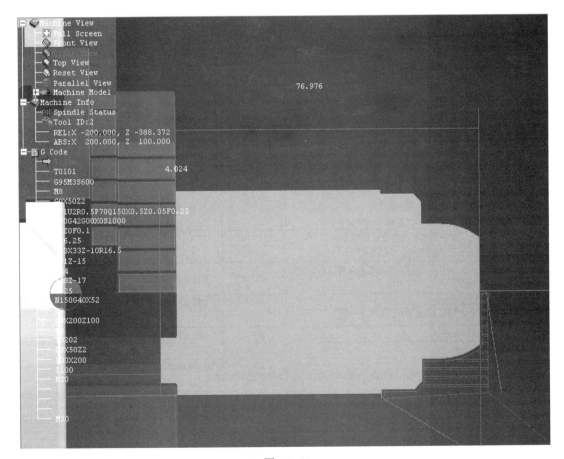

图 2-54

5）右击毛坯出现"工件调头"按钮，如图 2-55 所示。按工件前后移动键 ，将工件移动至台阶处，如图 2-56 所示。

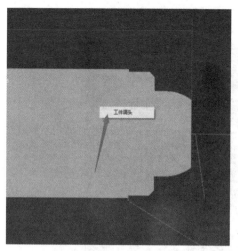

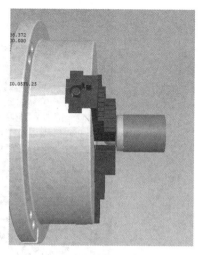

图 2-55   图 2-56

3. 车削零件右端

FANUC 系统参考程序见表 2-5，华中系统参考程序如图 2-57 所示。

表 2-5

程序段号	程序内容	程序段号	程序内容
N010	T0101；	N220	G00 X200 Z100；
N020	G99 M03 S600；（FANUC 系统） G95 M03 S600；（华中系统）	N230	G00 X50.0 Z2.0；
N030	M08；（切削液开启）	N240	FANUC 系统精加工循环程序段： G70 P70 Q200；（华中系统不需要写这一段）
N040	G00 X50 Z2；	N250	G00 X200 Z100；
N050	如果使用 FANUC 系统编程，则使用该格式： G71 U2 R0.5； G71 P70 Q200 U0.5 W0.05 F0.25；	N260	M09；（切削液关闭）
N060	使用华中数控系统编程则使用该格式： G71 U2 R0.5 P70 Q200 X0.5 Z0.05 F0.25；	N270	T0303 S300；
N070	G42 G00 X0 S1000；（引用右刀具补偿定位转速 1000）	N280	M08；
		N290	G00 X19 Z-15；
N080	G01 Z0 F0.10；	N300	G01 X14 F0.12；
N090	X15；	N310	X19；
N100	X18 Z-1.5；	N320	G00 X200 Z100；
N110	Z-15；	N330	M09；
N120	X22；	N340	T0404 S400；
N130	X30 Z-35；	N350	M08；
N140	X34.98；	N360	G00 X18 Z4；
N150	G03 X37.98 Z-36.5 R1.5；	N370	FANUC 系统使用 G92 X17.2 Z-13 F1.5； 华中系统使用 G82 X17.2 Z-13 F1.5；
N160	G01 X37.98；	N380	X16.7；
N170	G01 Z-55；	N390	X16.2；
N180	X44；	N400	X16.05；
N190	X48 Z-57；	N410	X16.05；
N200	Z-60；	N420	G00 X200 Z100；
N210	G40 X52；	N430	M30；

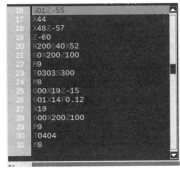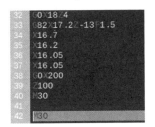

图 2-57

4. 右端零件具体操作步骤

完成右侧 Z 向偏移对刀，X 向的刀具偏移值不变，单击循环启动按钮加工出该零件，如图 2-58 所示。

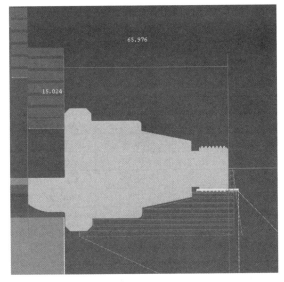

图 2-58

2.4.4 加工图 2-46 工件

1）设置毛坯，如图 2-59 所示。

编号	工件长度(L)	工件直径(D)	内孔长度(L1)	内径(D1)
5	39	48	--	20

图 2-59

2）设置刀具，如图 2-60 所示。

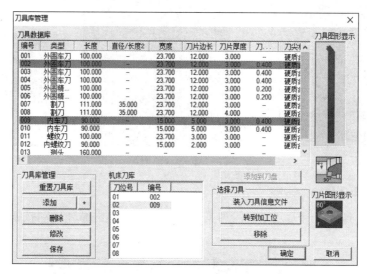

图　2-60

3）输入数控程序。FANUC 数控系统参考程序一见表 2-6。

表　2-6

程序段号	程序内容	程序段号	程序内容
N010	T0101；	N230	G00 X24 Z−17；
N020	G99 M03 S600；	N240	G01 X22.5 Z−40；
N030	M08；	N250	G00 Z−17；
N040	G00 G42 X48.5 Z2；	N260	X28；
N050	G01 Z−25 F0.25；	N270	G01 X22.5 Z−40；
N060	G00 X50 Z2； X20；	N280	G00 Z−17；
		N290	X32；
N070	G01 Z0；	N300	G01 X22.5 Z−40；
N080	X48 S1000；	N310	G00 Z−17；
N090	Z−25 F0.1；	N320	X35；
N100	G40 X52；	N330	G01 X22.5 Z−40；
N110	G00 X200 Z150；	N340	G00 Z−17；
N120	M09；	N350	X37.5；
N130	T0202 S300；	N360	G01 X22.5 Z−40；
N140	M08；	N370	G00 Z5；
N150	G00 G41 X20 Z2；	N380	X42 S600；
N160	G90 X23 Z−20 F0.12；	N390	G01 Z0；
N170	X26；	N400	X38 Z−2 F0.06；
N180	X29；	N410	Z−20；
N190	X32；	N420	X19；
N200	X35；	N430	G00 Z2；
N210	X37.5；	N440	G40 X200 Z150；
N220	T0101；	N450	M30；

华中数控系统参考程序如图 2-61 所示。

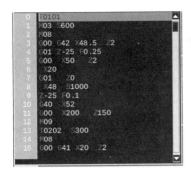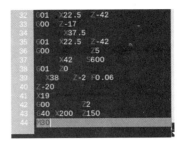

图 2-61

4）完成镗孔的加工，如图 2-62 所示。

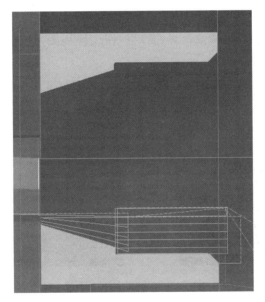

图 2-62

5）右键单击工件空白处，单击"工件调头"按钮。

6）输入数控程序。FANUC 数控系统参考程序二见表 2-7。

表 2-7

程序段号	程序内容	程序段号	程序内容
N010	T0101;	N90	G01 Z0;
N020	G99 M03 S600;	N100	X37 F0.1;
N030	M08;	N110	X41 Z–2;
N040	G00 G42 X50 Z2;	N120	Z–14;
N050	G90 X47 Z–14 F0.25;	N130	G40 X52;
N060	X44;	N140	G00 X200 Z100;
N070	X41.5;	N150	M30;
N080	G00 X20 Z2 S1000;		

华中数控系统参考程序如图 2-63 所示。

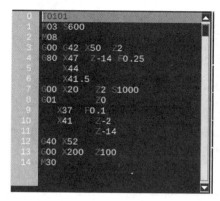

图 2-63

7）按循环启动按钮完成零件的加工，如图 2-64 所示。

8）单击 ▫ 按钮退出二维模式，单击 ▨ 按钮切换视图，单击剖视图按钮 ▨ 观看三维模式，如图 2-65 所示。

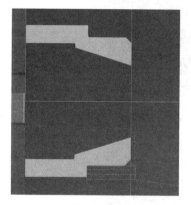

图 2-64

图 2-65

数控铣操作

3.1 HNC-848B 数控仿真系统操作

3.1.1 开机操作步骤

1）刚进入斯沃 HNC-848B 数控仿真系统时，开机按钮被上方界面覆盖，须单击图 3-1 内所画方框中的任一位置，使方框内界面置顶，才能找到开机按钮。

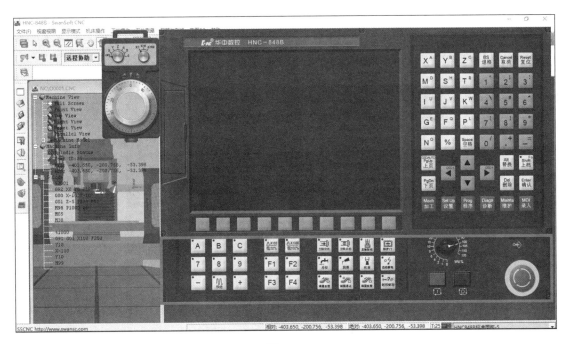

图　3-1

2）单击开机按钮，完成 HNC-848B 系统的开机操作。开机后界面如图 3-2 所示。

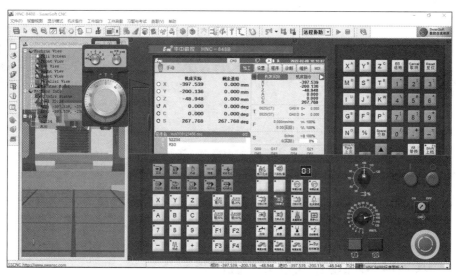

图　3-2

3.1.2　程序的创建、输入、修改、导入及删除

（1）程序创建　按 <kbd>Prog 程序</kbd> 键，再按"新建程序"按钮下方的灰色按键 ⬛，输入新建的程序文件名（文件名必须以 O 开头），按 <kbd>Enter 确认</kbd> 键，操作步骤如图 3-3 所示。

> **⚡注**
>
> 　　若使用斯沃仿真系统中的机床操作面板输入文件名，O 键在操作面板上对应 <kbd>N°</kbd> 键，必须先按 <kbd>Shift 上档</kbd> 键（左上角灯呈亮起状态），再按该键才会输入 O。

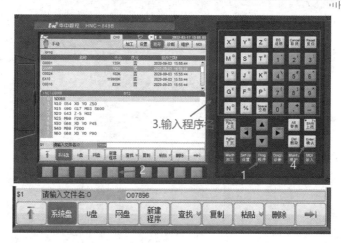

图　3-3

（2）程序的输入与修改　按 <kbd>Mach 加工</kbd> 键，再单击"选择程序"按钮下方的 ⬛ 键，通过 ▲ 键与 ▼ 键选择需要输入与修改的程序，单击 <kbd>Enter 确认</kbd> 键，再单击"编辑程序"按钮下方的 ⬛ 键，进入程序编辑界面，程序编辑完成后，单击"保存文件"按钮下方按键，操作步骤如图 3-4 所示。

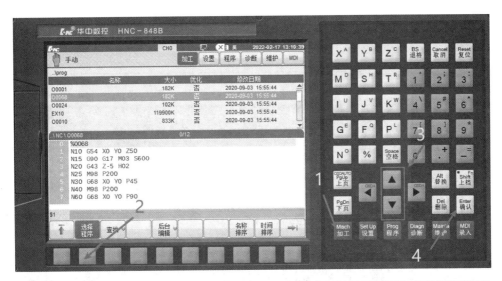

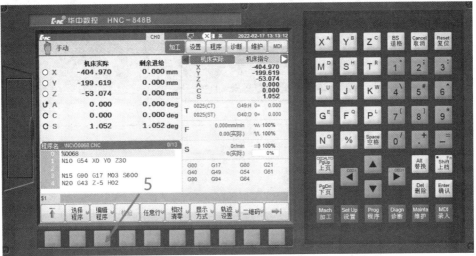

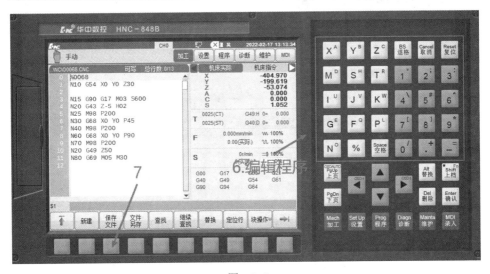

图 3-4

（3）程序导入 依次单击菜单栏中的"文件"→"打开"，选择要导入的程序，程序导入后仿真系统会自动将该程序置为当前执行程序，操作步骤如图 3-5 所示。

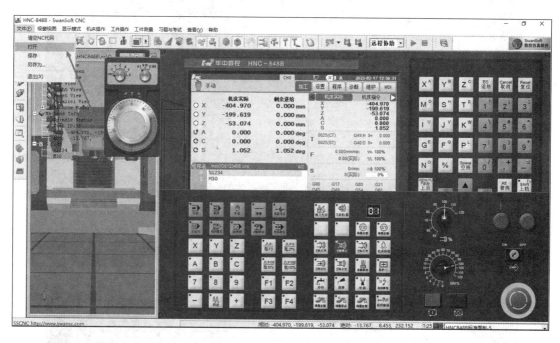

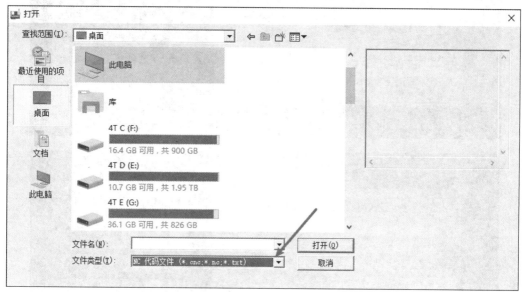

图 3-5

💡 注

如果在"打开"对话框中找不到要选择的程序，可将文件类型设置为"NC代码文件"后再寻找。

（4）程序删除　按 [Prog 程序] 键，通过 [▲] 键与 [▼] 键找到需删除的程序，按 [Del 删除] 键，用键盘输入"Y"或在操作面板中按"Y"键即可删除程序，操作步骤如图3-6所示。

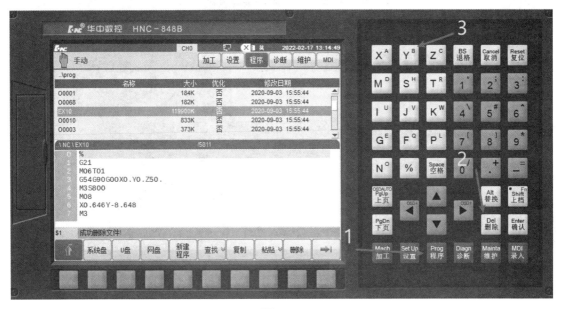

图　3-6

3.1.3　系统几种常用模式的选用

在实际操作机床时，常用的模式有：自动、单段、手动、增量、回参考点、MDI，如图3-7所示。

图　3-7

1）自动模式：在自动模式下，机床可以按照用户编好的程序运行。

2）单段模式：在单段模式下，机床也可以按照用户编好的程序运行。但与自动模式不同的是：单段模式下机床会将程序分为无数段小程序来执行，直至程序结束（以程序尾的"；"为每段程序的分界点），每执行一段程序机床会暂停运动，直到下一次按 [■] 键才运行下一段程序。

3）手动模式：先按住 [X] [Y] [Z] 键设置要控制的轴，按键左上方的指示灯点亮后，按 [-] 或 [+] 键对点亮的轴进行快速移动。操作步骤如图3-8所示（手动模式无法准确控制移动距离，一般用于大致的移动）。

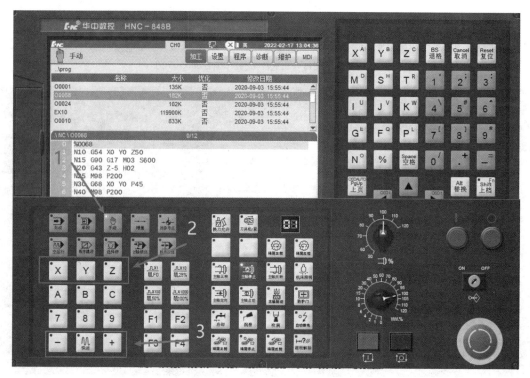

图　3-8

4）增量模式：使用手摇脉冲发生器（图3-9）使机床各轴产生位移。

手摇脉冲发生器由三个部分组成：左上方为当前控制轴旋钮，右上方为轴移动倍率旋钮，下方为轴位移旋钮。

当前控制轴旋钮用于选择将要控制的轴，箭头指向哪个字母，控制的就是机床哪个轴（置于"OFF"档时，手摇脉冲发生器失效）。

轴移动倍率旋钮用于控制轴的移动倍率。选择×100时，下方的轴位移旋钮每移动一格当前控制轴会移动0.1mm；选择×10时轴位移旋钮每移动一格当前控制轴会移动0.01mm；选择×1时轴位移旋钮每移动一格当前控制轴会移动0.001mm。

5）回参考点：将机床各轴移动至机床预设的参考点上，又称为"回机床零点"。

将"回参考点"点亮后，分别按住 X Y Z 键至左上方灯亮，按 + 键，即可使机床各轴返回参考点。

图　3-9

 注

在斯沃仿真系统中，每次开机后，必须将机床回至参考点后，才能运行程序。

6）MDI模式：MDI模式又可称为"手动数据输入"。按 MDI 录入 键后会进入MDI界面用于手动输入程序并执行程序。

操作步骤：按 MDI 录入 键，在右侧操作面板上输入程序或使用键盘输入程序，程序输入完毕

后按 ⬚ 键，按 ⬚ 键或 ⬚ 键，再按 ⬚ 键运行 MDI 程序，操作步骤如图 3-10 所示。

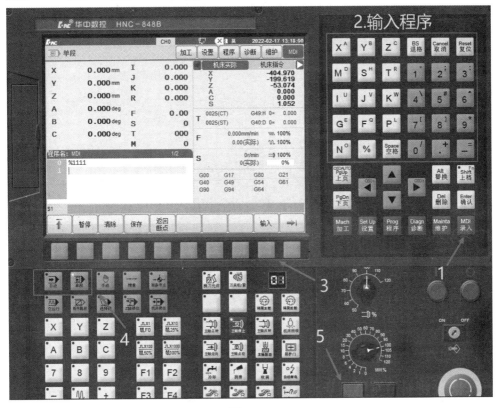

图　3-10

3.1.4　Z 轴对刀仪介绍

Z 轴对刀仪是用于数控机床 Z 轴对刀的辅助工具。在进行 Z 轴对刀操作时，我们可以将 Z 轴对刀仪放置在工件的顶面，通过让装载至主轴上的刀具触碰 Z 轴对刀仪顶面来进行 Z 轴对刀。Z 轴对刀仪分为两种，如图 3-11 所示。

a）表盘式 Z 轴对刀仪

b）光电式 Z 轴对刀仪

图　3-11

是否使用 Z 轴对刀仪，对刀精度差距巨大。不使用 Z 轴对刀仪对刀时，对刀的精度只能靠目测与经验；而使用 Z 轴对刀仪后，对刀精度可控制在 0.01mm 之内。

1. 表盘式 Z 轴对刀仪使用方法

1）将刀具装载到主轴上。

2）点亮操作面板上的"增量"键。

3）使用手摇脉冲发生器缓缓移动 Z 轴，当对刀仪表盘内的指针转动一圈，重新归 0 时，即为对刀完毕。

2. 光电式 Z 轴对刀仪使用方法

1）将刀具装载到主轴上。

2）点亮操作面板上的"增量"键。

3）使用手摇脉冲发生器缓缓移动 Z 轴，当对刀仪响起声音且指示灯亮起时，即为对刀完毕。

3.1.5 "将 Z 轴对刀点设置在刀尖上"对刀法

如标题所述，该对刀方式是将 Z 轴对刀点设置在刀具的刀尖中心上。这种对刀方式，因为在实际加工中无法保证每一把刀具装夹长度都一致，所以每更换一把刀具，就要重新对刀一次 Z 轴。对刀点如图 3-12 所示。

1. 对刀原理

刀具通过 Z 轴对刀仪进行 Z 轴方向对刀后，减去 Z 轴对刀仪的高度，此时就相当于当前刀具的刀尖碰触到工件表面，将减去 Z 轴对刀仪高度的 Z 轴坐标记录在数控机床中，该刀具的 Z 轴即对刀完毕。对刀原理如图 3-13 所示。

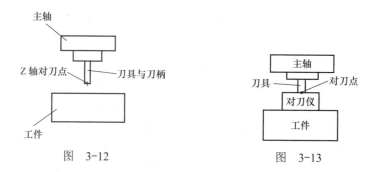

图 3-12　　　　　　　　　　　　　图 3-13

2. 对刀步骤

（1）创建毛坯　在菜单栏中依次单击"工件操作"→"选择毛坯"在弹出的"设置毛坯"对话框中单击"添加"按钮，设置毛坯尺寸与毛坯材料后单击"确定"按钮（毛坯创建后会自动安装在机床工作台上）。创建毛坯步骤如图 3-14 所示。

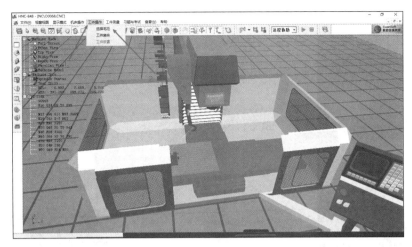

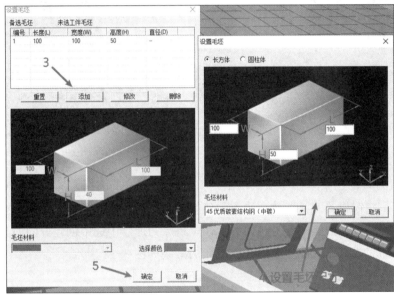

图 3-14

毛坯创建完毕后会被自动装载至机床上，如图 3-15 所示。

图 3-15

（2）放置 Z 轴对刀仪　在菜单栏中依次单击"机床操作"→"Z 向对刀仪选择（100mm）"，操作步骤如图 3-16 所示。Z 轴对刀仪选择完毕后，会被自动放置到工件的顶部正中央，如图 3-17 所示。

💡 注

斯沃仿真系统中只安装了光电式对刀仪，所以无法调出表盘式对刀仪。

图　3-16　　　　　　　　　　　　　　　　图　3-17

（3）装载刀具　在菜单栏中依次单击"机床操作"→"选择刀具"，在弹出的对话框中单击"添加"按钮设置刀具参数，选中创建好的刀具后单击"添加到刀库"按钮（添加到刀库的刀位号需与创建刀具的刀号相同），在"机床刀库"中选中创建好的刀具，单击"添加到主轴"按钮完成操作。操作步骤及完成后的效果如图 3-18 所示。

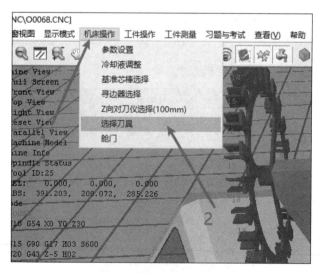

图　3-18

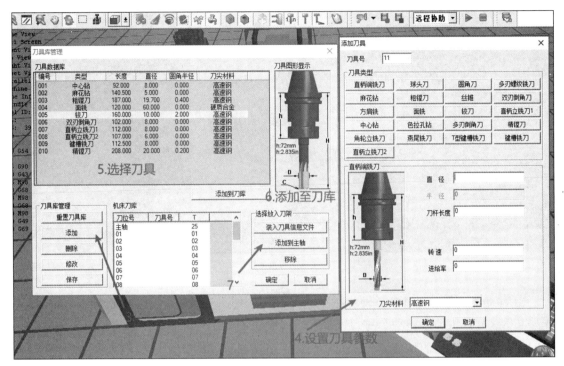

图 3-18（续）

（4）Z 轴对刀

1）单击 键进入对刀界面。对刀界面如图 3-19 所示。

图　3-19

2）移动刀具使刀具碰触 Z 轴对刀仪：按 ![键] 键，使用手摇脉冲发生器缓缓移动机床轴，先移动 X、Y 轴使刀具移动至对刀仪上方，再移动 Z 轴让刀尖碰触至对刀仪。刀尖碰触至对刀仪时 Z 轴对刀仪的显示灯会亮起，如图 3-20 所示。

注意

在移动刀具接触 Z 轴对刀仪顶部的过程中，手摇脉冲发生器的倍率应设置为 ×10 或 ×1，这样才能保证 Z 轴的对刀精度。

图　3-20

3）清空加工坐标系的 Z 轴坐标：依次按 ![Set Up设置] ![坐标系] 键，将加工坐标系的 Z 轴坐标设置为 0。图 3-21 所示为将箭头所指的 Z 坐标清零。

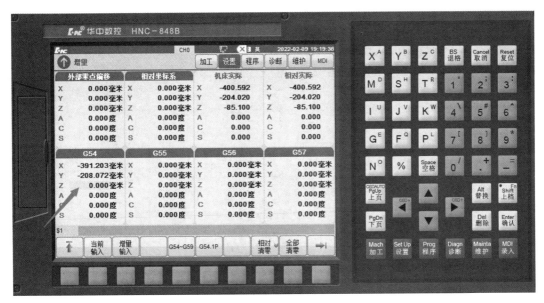

图 3-21

4）设置当前刀具的刀具补偿：按 ![] 键返回刀具补偿界面。按 ▲ 键与 ▼ 键将光标移动至当前主轴上装载刀具的刀具号上，按 ![确认] 键，输入机床实际 Z 轴坐标 –Z 轴对刀仪高度（100mm）后，该刀具 Z 轴对刀完毕，操作步骤如图 3-22 所示。

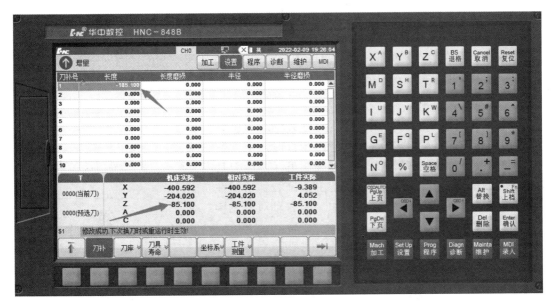

图 3-22

💡 注

当前主轴装载的刀具编号在"刀具库管理"界面中查看，"刀具库管理"界面如图 3-23 所示。

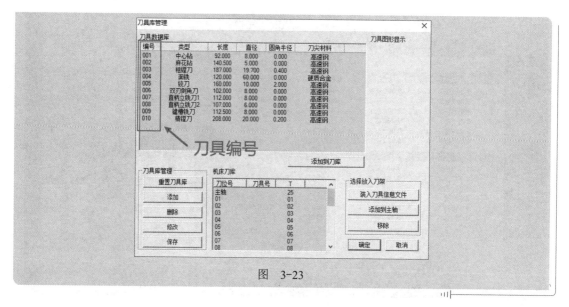

图 3-23

（5）其他刀具的 Z 轴对刀　重复步骤（3）、（4），即可完成其他刀具的 Z 轴对刀。

3.1.6 "将 Z 轴对刀点设置在主轴端面上"对刀法

如标题所述，该对刀方式是将 Z 轴的对刀点设置在主轴的端面上。这种对刀方式在实际加工中要求所有刀具的装夹长度一致，所以需要购置一个专用的刀具装夹长度检测设备才可使用，且还需在刀库中安装一把不用于加工、只用于对刀的 Z 轴对刀基准刀具。因为该对刀方式过于复杂，所以不常用于三轴数控机床中，但在五轴不带 RTCP（Rotation Tool Center Point，旋转工具中心点）功能的数控机床中该对刀方法是不可缺少的，因为不带 RTCP 功能的五轴机床特殊的坐标算法，要求必须将对刀点设置在主轴端面上才可正常加工。

1. 对刀原理

将基准刀具装载至主轴上，刀具通过 Z 轴对刀仪进行 Z 轴方向对刀，当对刀仪发出声音并亮起指示灯时，从读数中减去对刀仪的高度，再减去基准刀具的装夹高度（基准刀具刀尖至主轴装夹面的高度），此时就相当于主轴碰触到了工件表面，将当前的 Z 轴坐标值记录在坐标系中，即 Z 轴对刀完毕。对刀原理如图 3-24 所示。

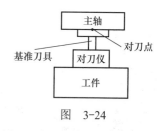

图 3-24

2. 对刀步骤

（1）创建毛坯　与"将 Z 轴对刀点设置在刀尖上"的步骤相同。
（2）放置 Z 轴对刀仪　与"将 Z 轴对刀点设置在刀尖上"的步骤相同。
（3）装载刀具　与"将 Z 轴对刀点设置在刀尖上"的步骤相同。

> 💡 **注**
>
> 该步骤中装载的刀具为基准刀具，但斯沃仿真系统中无法创建特定的基准刀具，所以随便创建一把刀当作基准刀具即可。

3. Z轴对刀

1）按 [按钮] 键进入对刀界面：移动刀具使刀具接触 Z 轴对刀仪。按 [按钮] 键，使用手摇脉冲发生器缓缓移动机床轴，先移动 X、Y 轴使刀具移动至对刀仪上方，再移动 Z 轴让刀尖碰触至对刀仪。刀尖碰触至对刀仪时 Z 轴对刀仪的指示灯会亮起，如图 3-25 所示。

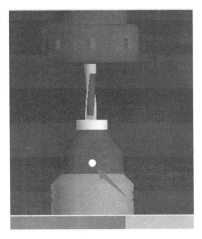

图 3-25

2）设置加工坐标系的 Z 轴坐标：依次按 [设置] → [坐标系] 键，将光标移动至加工坐标系的 Z 轴上，按 [当前输入] [增量输入] 键，输入值为：–Z 轴对刀仪高度 – 基准刀具长度。操作步骤如图 3-26 所示。

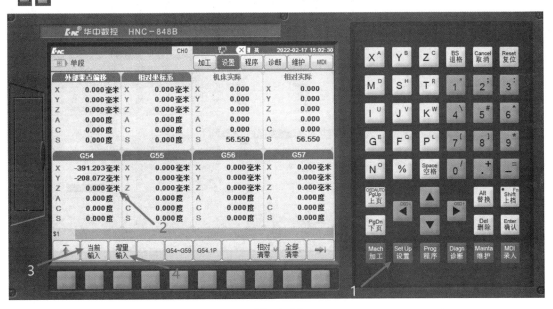

图 3-26

 注

基准刀具长度可在"刀具库管理"界面中查看，"刀具库管理"界面如图 3-27 所示。

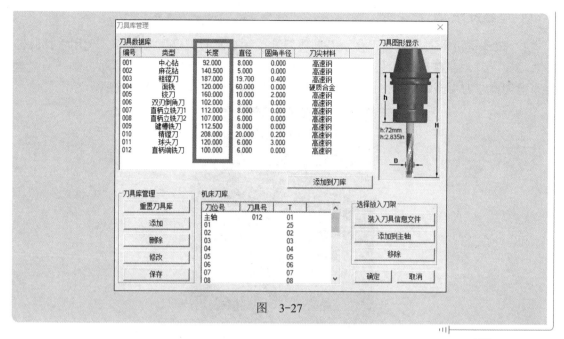

图　3-27

3）设置各个刀具的刀具补偿：将当前装载刀具切换为其他加工用刀具，按 设置 键，在"刀具补偿"页面各刀具相应的刀具号栏中输入该刀具的装夹刀长，如图 3-28 所示。

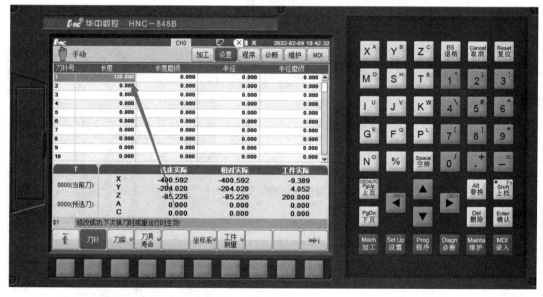

图　3-28

3.1.7　试切法对刀

该方法是将切削刀具装载至主轴上，旋转主轴让刀具直接切削至工件表面。该对刀方式会在工件表面上造成切削痕迹，且对刀精度低，是一种不常使用的对刀方式。

（1）创建毛坯　略。

（2）装载刀具　略。

（3）X 轴对刀

1）按 📷 键进入对刀界面。

2）旋转主轴：按 [MDI录入] 键进入 MDI 界面，输入 M03 S500（主轴转速可任意设置，一般设置为 500r/min 即可），按"输入"键，再按 📷 键及 📷 键。操作步骤如图 3-29 所示。

图　3-29

3）定位 X 方向左侧端点：按 [增量] 键，使用手摇脉冲发生器移动 X 轴，将刀具移动至工件的左侧，当刀具快接近工件时，将倍率调至 ×10，让刀具缓慢靠近工件，直至出现切屑为止，如图 3-30 所示。

按 [Mach加工] 键及 [相对清零] 键，单击机床操作面板显示界面上的向右箭头（图 3-31）。

图　3-30

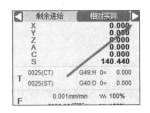

图　3-31

4）定位 X 方向右侧端点：使用手摇脉冲发生器，将倍率重新调为 ×100 并将 Z 轴抬起，移动 X 轴（不要移动 Y 轴），将刀具移动至工件右侧，再将 Z 轴下降到刀具可以接触到工件的高度，继续移动 X 轴让刀具切削到工件，直至出现切屑为止，如图 3-32 所示。

5）X 轴分中：查看"相对实际"列中 X 轴的坐标值（图 3-33 中所框选的区域），将该坐标值记住，按 设置 键及 坐标系 键，将光标移动至加工坐标系的 X 轴上，按 当前输入 键，再按 增量输入 键，输入数值为：相对实际中的 X 坐标 /2。分中步骤如图 3-34 所示。

图 3-32

图 3-33

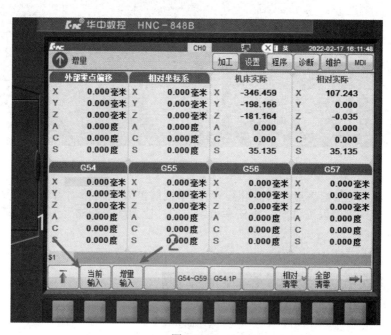

图 3-34

（4）Y 轴对刀 Y 轴对刀的步骤与 X 轴对刀完全一致，参考 X 轴对刀步骤，将手摇脉冲发生器移动 X 轴的部分改为移动 Y 轴即可。

3.1.8　基准芯棒的使用与对刀

将基准芯棒装夹在刀柄上（没有基准芯棒时，可用任意刀具代替），在基准芯棒与工件间摆放一个塞尺，通过摇动手摇脉冲发生器控制基准芯棒不断接近塞尺，直至塞尺被基准芯棒和工件夹到不易挪动的程度即可。

该对刀方式属于试切法的改良版，在该对刀方式中刀具不会直接接触到工件表面，所以对工件表面没有损害，但在该对刀方式中塞尺被"基准芯棒和工件夹到不易挪动的程度"，这个不易挪动的程度全凭经验，所以实际加工中对刀的精度也无法得到保证。对刀原理如图 3-35 所示。

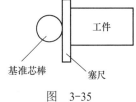

图　3-35

对刀步骤：

（1）创建毛坯　略。

（2）装载基准芯棒　在菜单栏中依次单击"机床操作"→"基准芯棒选择"，任意选择一个尺寸的基准芯棒与塞尺。操作步骤如图 3-36 所示。

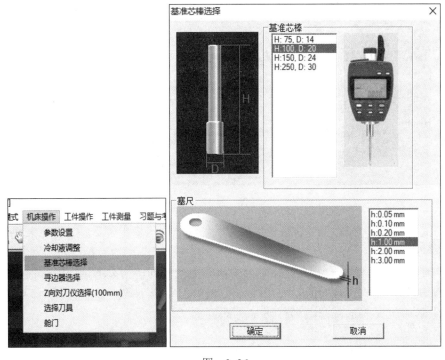

图　3-36

（3）X 轴对刀

1）按 键进入对刀界面。

2）定位 X 方向左侧端点：按 键，使用手摇脉冲发生器移动 X 轴，使基准芯棒缓慢靠近塞尺，直至界面右下角出现"塞尺检查：合适"字样（图 3-37），按 键及 键，再单击机床操作面板显示界面上的向右箭头，直至显示"相对实际"字样。

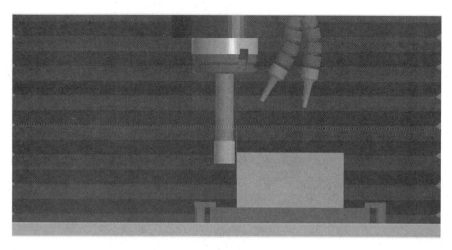

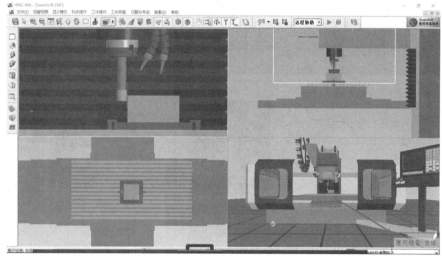

图 3-37

3）定位 X 方向右侧端点：方法与步骤 2）完全一致，将步骤 2）中移动 X 轴的部分反方向移动即可。

4）X 轴分中：步骤与试切法的 X 轴分中步骤完全相同，请参考试切法 X 轴分中。

（4）Y 轴对刀　Y 轴对刀的对刀步骤与 X 轴对刀完全一致，参考 X 轴对刀步骤，将手摇脉冲发生器移动 X 轴的部分改为移动 Y 轴即可。

3.1.9　偏心对刀仪的使用与对刀

偏心对刀仪对刀是一种使用离心力进行对刀的对刀方式（偏心对刀仪如图 3-38 所示）。偏心对刀仪对刀需要先使主轴旋转（转速不宜高，200 ～ 500r/min 即可，转速过高会导致偏心对刀仪被甩飞，在实际加工中有一定危险性）。当主轴旋转时，偏心对刀仪会因为离心力而偏心，肉眼看来偏心对刀仪上下两个铁块会不同心（图 3-39），此时使用偏心对刀仪不断靠近工件，直到偏心对刀仪上下两个铁块肉眼看上去同心为止。

该对刀方式虽然会旋转主轴，但因为偏心对刀仪本身没有刀刃，所以并不会弄伤工件表面。在实际加工中，该对刀方式的对刀精度也是比较高的。

图 3-38

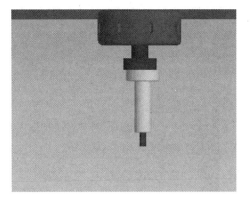
图 3-39

对刀步骤：

（1）创建毛坯　略。

（2）装载偏心对刀仪　在菜单栏中依次单击"机床操作"→"寻边器选择"，选择"ME-420"型偏心对刀仪。操作步骤如图 3-40 所示。

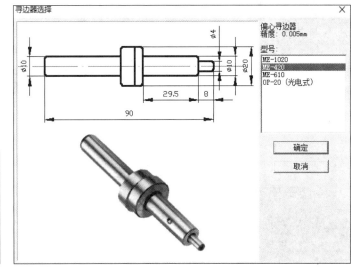
图 3-40

（3）X 轴对刀

1）按键进入对刀界面。

2）旋转主轴：按 键，输入 M03 S500，按"输入"键，再按 键及 键。操作步骤如图 3-41 所示。

3）定位 X 方向左侧端点：按 键，使用手摇脉冲发生器移动 X 轴，使偏心对刀仪的白色偏心区域缓慢移动至工件的左侧，直至软件界面右下角出现"寻边器同心"字样（图 3-42），按 键及 键，再单击机床操作面板显示界面上的向右箭头，直至显示"相对实际"字样。

图 3-41

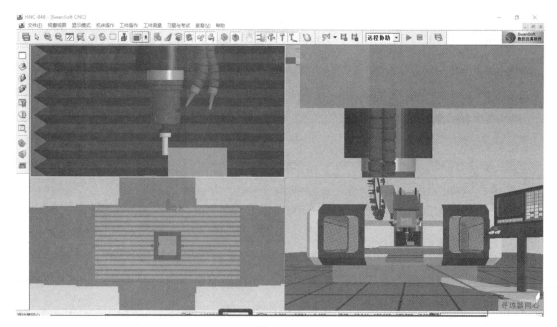

图 3-42

注意

偏心对刀仪在对刀时，大直径和小直径白色偏心区域都可以对刀，如果对刀一侧时使用的是小直径白色偏心区域，则对刀另一侧也必须使用小直径白色偏心区域。大直径白色偏心区域同理，如图 3-43 所示。

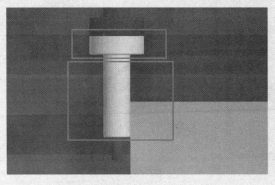

图　3-43

4）定位 X 方向右侧端点：方法与步骤 3）完全一致，将步骤 3）中移动 X 轴的部分反方向移动即可。

5）X 轴分中：步骤与试切法的 X 轴分中步骤完全相同，请参考试切法 X 轴分中。

（4）Y 轴对刀　Y 轴对刀的步骤与 X 轴对刀完全一致，参考 X 轴对刀步骤，将手摇脉冲发生器移动 X 轴的部分改为移动 Y 轴即可。

3.1.10　光电式对刀仪的使用与对刀

光电式对刀仪（图 3-44）对刀是一种利用材料的导电特性来进行对刀的对刀方式。将光电式对刀仪装在主轴上后碰触工件，光电式对刀仪便会发出光亮和声音，此时就可以得知刀具接触到了工件。

该对刀方式不会损伤工件表面，且对刀精度高。缺点是对于不导电的加工材料，无法使用该方法进行对刀。

图　3-44

对刀步骤：

（1）创建毛坯　该步骤与 Z 轴对刀中的创建毛坯步骤相同。

（2）装载光电式对刀仪　在菜单栏中依次单击"机床操作"→"寻边器选择"，选择"OP-20（光电式）"型光电式对刀仪，操作步骤如图 3-45 所示。

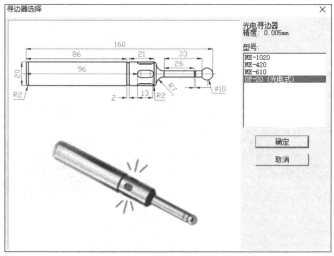

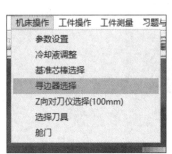

图 3-45

> 💡 注
>
> 光电式对刀仪的对刀区域如图 3-46 所示。

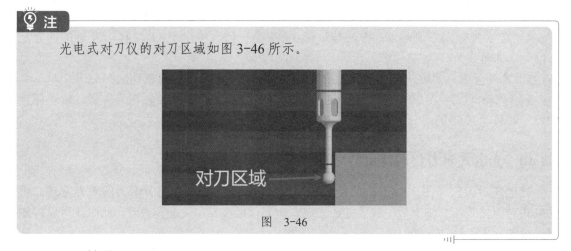

图 3-46

（3）X 轴对刀

1）按 键进入对刀界面。

2）定位 X 方向左侧端点：按 键，使用手摇脉冲发生器移动 X 轴，使光电式对刀仪下方的球缓缓靠近工件的左侧，直至看见光电式对刀仪发光为止（图 3-47），按 键及 键，再单击机床的控制器显示屏界面上的向右箭头，直至出现"相对实际"字样。

3）定位 X 方向右侧端点：方法与步骤 2）完全一致，将步骤 2）中移动 X 轴的部分反方向移动即可。

4）X 轴分中：步骤与试切法的 X 轴分中步骤完全相同，请参考试切法 X 轴分中。

（4）Y 轴对刀　Y 轴对刀的步骤与 X 轴对刀完全一致，参考 X 轴对刀步骤，将手摇脉冲发生器移动 X 轴的部分改为移动 Y 轴即可。

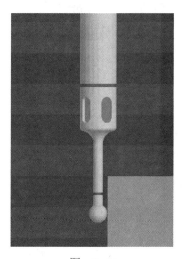

图 3-47

3.1.11　快速对刀

上文所讲的 X、Y 与 Z 轴对刀均属于实际加工时的对刀操作，在斯沃仿真系统中还有更方便快捷的对刀方式：快速对刀。快速对刀可以通过斯沃仿真系统的"快速定位"功能，一键将当前刀具直接定位在工件中心，从而节省大量对刀时间。

操作步骤：

（1）添加毛坯　略。

（2）装载刀具　略。

（3）快速定位使刀具一键定位至工件中心　单击左侧工具栏中的 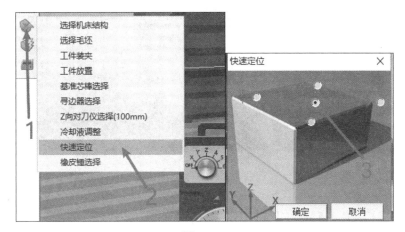 按钮，在弹出的菜单中选择"快速定位"，设置定位点为毛坯顶部中心。操作步骤如图 3-48 所示。

图　3-48

（4）导入 X、Y 值至加工坐标系　依次按 Set Up 设置键及 坐标系 键，将光标移动至 G54 的 X、Y 上，按 当前输入 键，将光标移动至 G54 的 Z 上，将 G54 坐标系 Z 值清零，如图 3-49 所示。

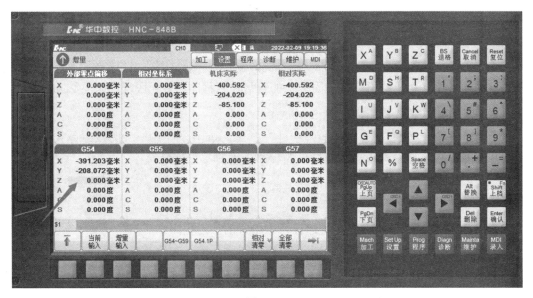

图　3-49

（5）输入刀具的刀具补偿　按 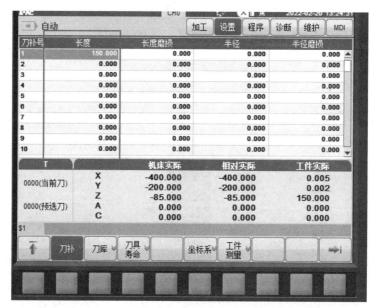 键返回刀具补偿页面，将光标指向当前主轴上装载刀具的刀号，在"长度"一栏（图 3-50 所画方框处）输入当前主轴上装载的刀具长度。

图　3-50

3.2　FANUC 0i-MF 数控仿真系统操作

3.2.1　程序的创建、选择、输入、修改及导入

（1）程序创建　按 键，在"编辑"模式下按 键，单击"目录"按钮，输入程序名（以字母 O 开头），按 键，程序创建成功。程序创建步骤如图 3-51 所示。

（2）程序的选择　依次按 键及 键，输入程序号，按 键选择程序。

（3）程序输入与修改　依次按 键及 键，输入程序号，按 键选择程序，进入程序页面后，即可使用计算机或机床操作面板上的键盘输入程序（每一段程序末尾必须打上"；"符号，该符号在机床操作面板上用 键输入）。

（4）程序导入　单击菜单栏中的"文件"菜单，单击"打开"，选择要导入的程序，程序导入后斯沃仿真系统会自动选择导入的程序为当前执行程序。

3.2.2　几种常用模式

自动 ：在自动工作模式下，可运行已编辑好的加工程序。

编辑 ：在编辑工作模式下，可进行程序的建立、输入和修改等操作。

MDI ：在 MDI 工作模式下，可进行 MDI 程序的输入、执行，以及参数的修改等操作。

DNC ：用于与计算机进行连接，传输程序。

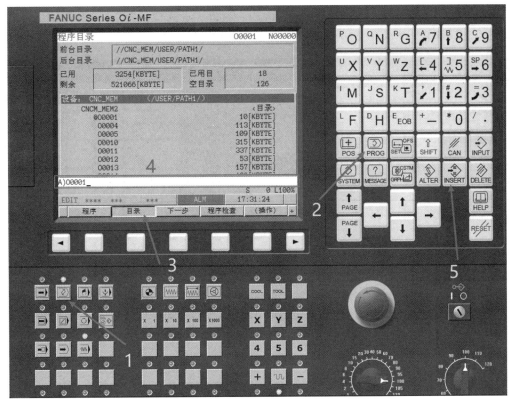

图 3-51

回参考点 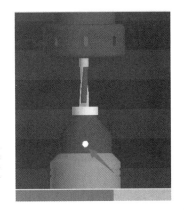：在回参考点工作模式下，可分别手动执行 X、Y、Z 轴回机械零点操作。

手动 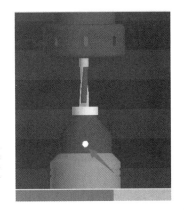：在手动工作模式下，可进行手动进给、手动快速移动、主轴启停、润滑液开关、手动换刀等操作。

增量 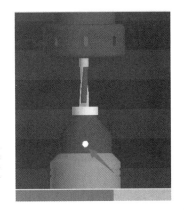：使用手摇脉冲发生器分别使机床各轴移动。

单步 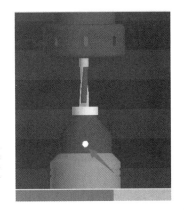：与自动模式唯一的不同在于单步模式下机床会逐段运行当前程序直至程序结束（以程序尾的 ";" 为每段程序的分界点），每执行一段程序后机床会暂停运动。

移动倍率键 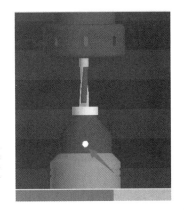：控制手动模式下各轴的移动倍率。

3.2.3 FANUC 系统的 Z 轴对刀

（1）创建毛坯 略。

（2）放置 Z 轴对刀仪 略。

（3）装载刀具 略。

（4）对刀

1）按 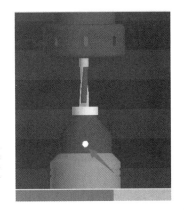 键进入对刀界面。

2）移动刀具使刀具接触 Z 轴对刀仪：按 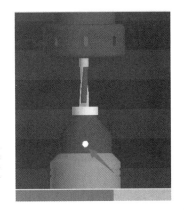 键打开增量模式，使用手摇脉冲发生器缓缓移动机床轴，先移动 X、Y 轴使刀具移动至对刀仪上方，再移动 Z 轴让刀尖碰触至对刀仪。刀尖碰触至对刀仪时指示灯会亮起，如图 3-52 所示。

图 3-52

3）清零工件坐标系 Z 轴坐标：依次按 ⬚ 键及 工件坐标系 键，将加工坐标系的 Z 轴坐标设置为 0，如图 3-53 所示，将箭头所指部分清零。

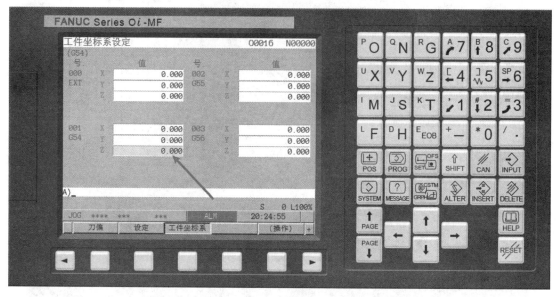

图 3-53

4）查看当前 Z 轴机械坐标值：依次按 ⬚ 键及 绝对 键，查看当前 Z 轴的机械坐标值（如图 3-54 方框内所示），并将该值记住。

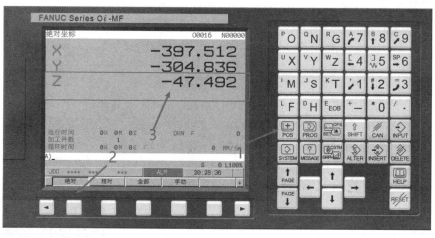

图 3-54

5）设置当前刀具的刀具补偿：按 ⬚ 键进入刀具补偿页面。将光标移动至"形状（H）"一栏，按 ⬚ 键将光标移动至当前装载刀具的刀具号上，按 （操作） 键。操作步骤如图 3-55 所示。

输入在第 4）步中记住的 Z 轴机械坐标值与 Z 轴对刀仪高度之差，按 输入 键，即可完成该刀具的 Z 轴对刀，步骤如图 3-56 所示。

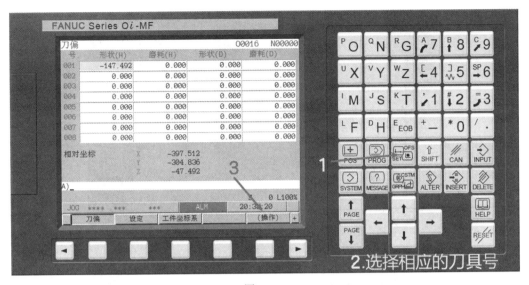

图 3-55

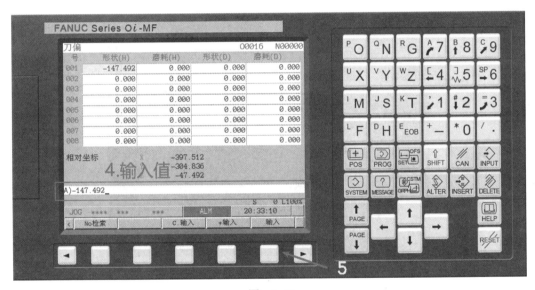

图 3-56

6）对其他刀具的 Z 轴坐标进行对刀：重复步骤 3）、4），即可完成其他刀具的 Z 轴对刀。

3.2.4 FANUC 系统的 X、Y 轴对刀

（1）创建毛坯　略。

（2）装载刀具　略。

（3）X 轴对刀

1）按 键进入对刀界面。

2）旋转主轴：按 键进入 MDI 模式，按 键输入 "M03 S500;"，按 键执行程序。操作步骤如图 3-57 所示。

图　3-57

3）定位 X 方向左侧端点：按 ⊙ 键进入增量模式，使用手摇脉冲发生器移动 X 轴，使刀具缓缓靠近工件左侧，直至出现切屑为止（图 3-58），依次按 ⊞POS 键→ 相对 键→ （操作）键→ 起源 键→ 所有轴 键，将相对坐标清零，操作步骤如图 3-59 所示。

图　3-58

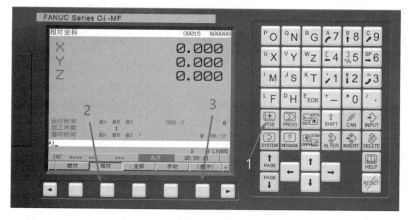

图　3-59

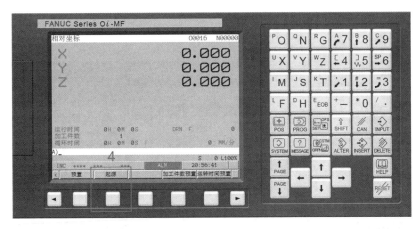

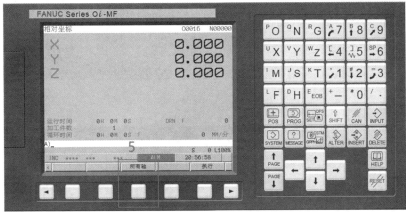

图 3-59（续）

4）定位 X 方向右侧端点：使用手摇脉冲发生器，控制 Z 轴抬起至离开工件顶面，移动 X 轴将刀具移动到工件右侧，再将 Z 轴下降到刀具可以接触到工件的高度，继续移动 X 轴，使刀具缓缓靠近工件右侧，直至出现切屑为止，如图 3-60 所示。

图 3-60

5）X 方向分中：查看并记住"相对坐标"中 X 的坐标值（如图 3-61 方框内所示），依次按 键及 键，将光标移动至 G54 的 X 上，按 键，输入 X0，按

[测量]键测量出当前刀具位置的机械坐标值，输入 –（X 的坐标值 /2），按 [+输入]键，X 轴分中完毕，操作步骤如图 3-62 所示。

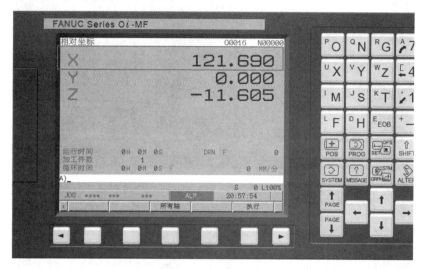

图 3-61

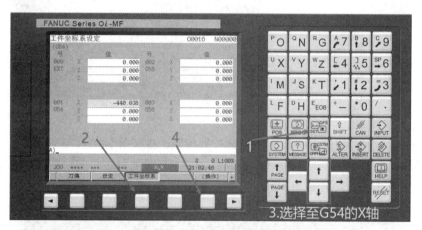

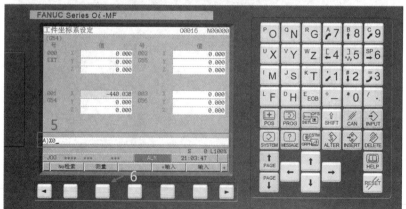

图 3-62

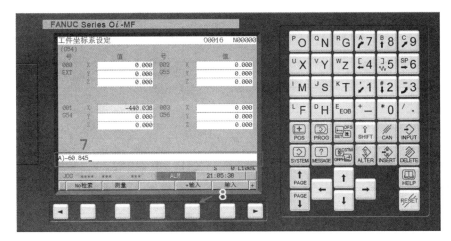

图 3-62（续）

（4）Y 轴对刀　Y 轴对刀的步骤与 X 轴对刀完全一致，参考 X 轴对刀步骤，将手摇脉冲发生器移动 X 轴的部分改为移动 Y 轴即可。

3.3　典型数控铣零件及加工工艺

3.3.1　加工零件模型与工具清单

本节我们会讲解如何使用斯沃仿真软件对编制的程序进行仿真，并将整个零件加工完毕，中途也会分析整个零件在实际加工时的工艺，本节将以图 3-63 所示的零件来进行演示。

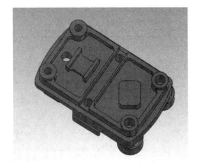

图　3-63

任务准备单：

1）机床：HNC-848B。

2）毛坯：152mm×105mm×52mm。

3）刀具清单见表 3-1。

表　3–1

序　号	刀 具 类 型	刀具规格 /mm
1	中心钻	$\phi10×90°$
2	钻头	$\phi9.8$、$\phi8.5$
3	机用铰刀	$\phi10$
4	机用丝锥	M10-6H
5	铣刀	$\phi6$、$\phi8$、$\phi10$、$\phi12$、$\phi16$
6	90° 倒角刀	$\phi10×90°$
7	内螺纹铣刀	M30×1.5
8	镗刀	ϕ（8～50）
9	面铣刀	$\phi63$

4）量具清单见表 3–2。

表　3–2

序　号	量 具 类 型	量具规格 /mm
1	游标卡尺	0～150
2	深度尺	0～150
3	外径千分尺	75～100，100～125，125～150
4	内测千分尺	5～25，50～75
5	三爪千分尺	5～25
6	螺纹塞规	M30×1.5-6H，M10-6H
7	光面塞规	$\phi10H7$

3.3.2　工艺分析

1. 确定夹具

观察该零件，可以看出该零件是一个形状较规则的长方体，其长边是一条直边，且长边处的装夹壁厚特别大，没有薄壁，所以该零件适合使用台虎钳装夹两条长边，如图 3-64 所示。

2. 确定第一加工面

观察图形可发现，该零件由正反两面构成，侧面没有任何需要加工的部位，所以该零件只用一次翻面便可完成所有特征的加工。但选择零件哪一面作为第

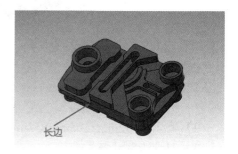

图　3-64

一加工面（正面）需要分析，如选择不合适的面作为第一加工面，在翻面之后可能会导致无法继续加工。

在选择第一加工面时，有几个基准可供参考：

1）零件在进行翻面后，应保证尽量多的装夹面积，且尽量避免装夹薄壁（装夹薄壁可能使得工件薄壁处因为夹力过大而变形）。

选择图 3-65 视角的面作为第一加工面时，翻面后装夹部位为图中箭头所指部分。

选择图 3-66 视角的面作为第一加工面时，翻面后装夹部位为图中箭头所指部分。

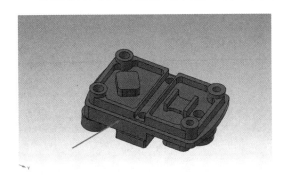

图　3-65　　　　　　　　　　　　　　　图　3-66

通过观察可以发现，图 3-65 的装夹部分明显比图 3-66 的装夹部分面积更大，且后者的装夹部分都集中在工件的中心部位，台虎钳装夹时并不能装夹工件的整个长边，这会导致在零件翻面后粗加工零件时，因为加工力过大，刀具将零件顶歪。

2）优先选择左右两侧有相同高度特征的加工面。

在实际加工中，台虎钳的装夹，通常都是要靠两块相同高度的垫片在工件下方垫高工件，使得工件高度超出台虎钳高度。若第一加工面左右两侧没有同高度的特征，会导致翻面后垫片在垫高工件时，因为左右两侧不同高，而使得工件歪斜。

第一加工面左右两侧均有相同高度凸台，翻面后的情况如图 3-67 所示。

第一加工面左侧无凸台，翻面后的情况如图 3-68 所示。

综合以上两点，选择图 3-69 视角的面作为第一加工面最为合适，该面作为第一加工面不仅翻面后装夹面积大，而且有 4 个对称且高度相同的凸台。

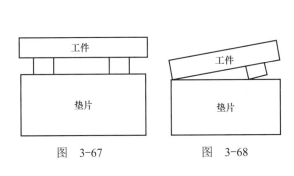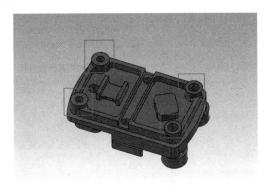

图　3-67　　　　　图　3-68　　　　　图　3-69

3.3.3 加工步骤分析

1）粗加工工件正面。

2）粗加工工件反面。

3）使用铜棒敲击工件，去除工件内应力。

4）精加工工件正面。

5）精加工工件反面。

3.3.4 刀路编写与斯沃系统仿真

1）创建并装夹工件：设置一个 152mm×
105mm×52mm 的毛坯，毛坯设置完毕后，依
次单击"工件操作"→"工件装夹"按钮，
使用平口钳装夹。装夹后的效果如图 3-70
所示。

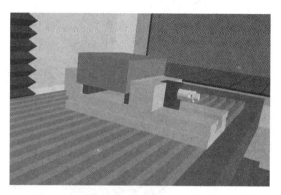

图 3-70

> **注意**
>
> 工件伸出长度必须大于 33mm，因为在加工零件正面时，最大的加工深度为 33mm，所以若工件伸出长度小于 33mm，刀具会切削到台虎钳。设置如图 3-71 所示。

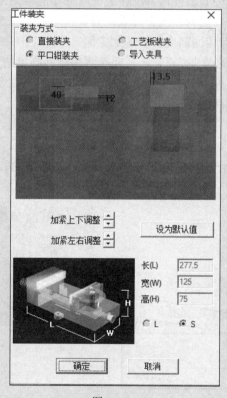

图 3-71

2）XY 轴对刀：使用在前文中介绍的 XY 轴对刀方法进行对刀。

3）制作 Z 轴对刀精基准（斯沃仿真中可省略该步）：切换面铣刀，MDI 中输入"M03 S1000"开启转速，使用增量，用手摇脉冲发生器控制 XY 轴移动将工件顶面削平（切削 0.2mm 左右，注意不要让切削后毛坯总高度小于要求零件高度）。

也可以将面铣刀用 Z 轴对刀仪对刀 Z 轴后，使用 CAM 软件自动编程来切削工件顶部，如图 3-72 所示。

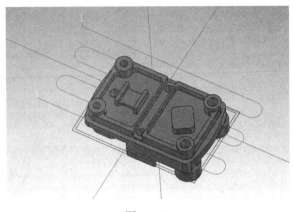

图　3-72

> **注意**
>
> 面铣刀使用 Z 轴对刀仪对刀时是用刀片的刀尖触碰 Z 轴对刀仪顶部，如图 3-73 所示。

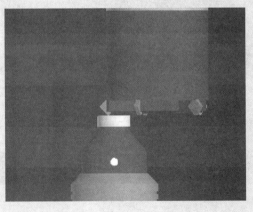

图　3-73

制作 Z 轴对刀精基准的原因：在实际加工中，工件装夹在夹具之后，工件的上端面其实与主轴是不平行的，此时不能直接对 Z 轴进行对刀。必须先用面铣刀将工件顶面切削平整，使得工件上端面与主轴平行，即做出一个 Z 轴对刀精基准后才可进行 Z 轴对刀。

4）粗加工正面：将当前加工面所要使用的所有粗加工刀具进行 Z 轴对刀，并在 CAM 软件中创建动态粗加工刀路，粗加工刀路如图 3-74 所示。

将粗加工刀路导入斯沃仿真系统中，并在系统中对粗加工刀路进行仿真，仿真结果如图 3-75 所示。

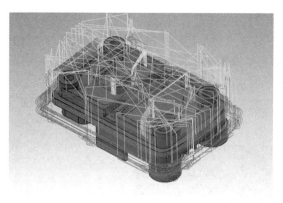
图 3-74

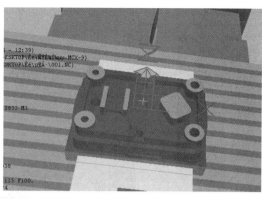
图 3-75

5）翻面装夹零件：右击工件，选择相应的选项使工件绕 X 轴旋转 180°，将工件翻面，如图 3-76 所示。

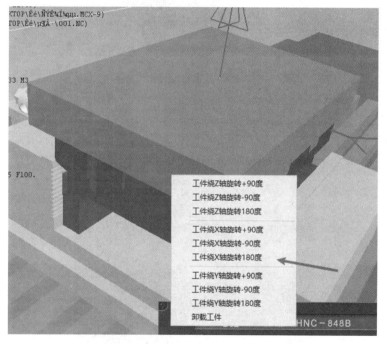
图 3-76

零件翻面后，单击左侧工具栏中的 按钮，在弹出的对话框中单击"橡皮锤选择"，单击橡皮锤，敲击工件（操作步骤如图 3-77 所示）。

敲击工件的目的是为了让工件紧贴垫片，使得已加工的正面装夹后与主轴平行。

6）零件反面 XY 轴对刀：使用前文介绍的快速对刀方法对零件反面进行 XY 轴对刀。

7）控制零件总高度：使用面铣刀通过 Z 轴对刀仪对 Z 轴进行对刀后，使用 CAM 软件编程切削工件顶部刀路，用来控制工件总高度，仿真后的结果如图 3-78 所示。

8）粗加工反面：将当前加工面所有要使用的粗加工刀具进行 Z 轴对刀，并在 CAM 软件中创建动态粗加工刀路，创建的刀路如图 3-79 所示。

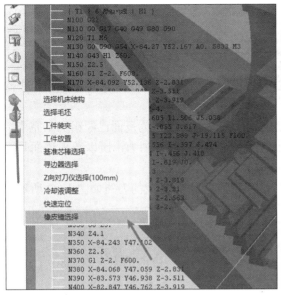

图　3-77

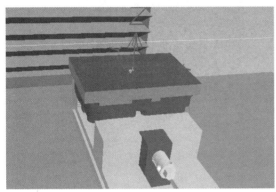

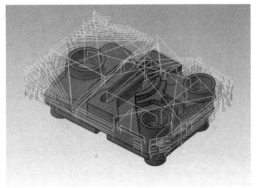

图　3-78

图　3-79

将创建的反面粗加工刀路导入斯沃仿真系统，并在系统中对粗加工刀路进行仿真，仿真结果如图3-80所示。

图　3-80

> **注意**
>
> 如 X、Y 方向对刀没有直接对刀在正面的已加工侧壁上，而是对刀在毛坯上，就会产生图 3-80 中箭头所指的接刀痕迹（基准不同导致）。

9）去应力（仿真可省略）：将粗加工完毕后的工件从夹具中取下，用铜棒敲击，去除零件内应力。

10）重新装夹零件正面并精加工：重新装夹零件正面，此时因为反面已经粗加工完毕，所以正面的装夹面如图 3-81 所示。因为精加工不会产生太大的铣削力，所以装夹该面是可行的，不会导致加工时工件因为切削力过大而翘起的问题。

使用 CAM 软件生成精加工刀轨、攻螺纹刀路、倒角刀路，生成的刀路如图 3-82 所示，将生成的刀路导入斯沃仿真系统中进行仿真。

> **注意**
>
> 攻螺纹时，底孔直径一般为螺纹大径 – 螺纹螺距。例如：该例中为两个 M10×1.5 的螺纹，所以粗加工钻底孔时应该使用直径为 8.5mm 的钻头。

图　3-81

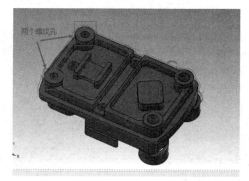

图　3-82

11）装夹零件反面并精加工：重新装夹零件反面，并使用 CAM 软件生成精加工刀轨、内螺纹刀路、倒角刀路，生成的刀路如图 3-83 所示，将生成的刀路导入斯沃仿真系统中进行仿真，至此该零件全部加工完毕。

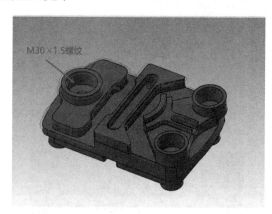

图　3-83

内螺纹在铣削底孔时，底孔尺寸 = 内螺纹大径 −1.3× 螺距。如该图中 M30×1.5 的螺纹，则底孔直径应该铣削至 28.05mm。

3.3.5 内应力与去内应力方法

数控铣削属于去除材料加工，是一种靠着切削刀具对零件进行切削，最后加工成所要求的形状的加工方式。而去除材料加工，因为切削刀具不可能做到百分之百的锋利，所以在切削工件时，工件一定会因刀刃切削时的挤压而产生塑性变形，这就导致了加工内应力的产生。

内应力会使得零件的尺寸发生变化，使零件产生一定的变形。

例如：某零件精加工完毕后，当场测量出的尺寸是控制在公差范围内的，但零件放置几天后，尺寸却发生了变化。这就是因为内应力经过放置得到了释放，释放内应力后的尺寸也就随之改变。

所以若要加工后的零件尺寸达到要求，必须做去应力处理。

通常的工序为粗加工→去应力处理→精加工。

常用的去内应力方式有静置法与敲击法。

1）静置法：零件粗加工完毕后，将零件放至一旁静置，直到内应力去除后，再进行精加工（该方法耗时久，且根据不同的零件尺寸与加工方法等，耗时各不相同）。

2）敲击法：零件粗加工完毕后，使用比加工零件硬度低的物体敲击加工零件（选择比加工零件硬度低的物体，是为了防止敲击使工件变形。一般都选用铜棒敲击），应力去除完毕后，再进行精加工（该方法耗时短，常用于各类数控大赛中）。

3.3.6 软钳口的使用

在夹具的装夹工作面上使用铜等硬度较低的软金属自制的钳口称为软钳口。软钳口在台虎钳上广泛使用，低碳钢和铝质的钳口最为常用，如图 3-84 所示。

a）低碳钢钳口　　　　　　　　　　b）铝质钳口

图 3-84

软钳口常用于以下 4 种情况：

1）刀具在加工中会切削到台虎钳钳口的情况。当刀具切削到台虎钳钳口时，因为台虎钳钳口经过了淬火处理，非常硬，很容易造成刀具崩刃的现象。此时选择比加工刀具硬度更低的软钳口来装夹零件，即便刀具切削到了钳口，也不会因为钳口太硬而崩刃。

2）加工零件太软，硬钳口装夹零件时会在加工零件上留下装夹痕迹的情况。该情况也属于一种典型情况，常见的就是加工铝零件时使用钢钳口夹持铝零件，会使得铝零件的夹持面留下夹持痕迹。当钳口比加工零件更硬时，因为不好掌控夹紧的力度，容易在加工零件的装夹面上留下装夹痕迹，这时就可以使用比加工零件硬度更低的软钳口来装夹零件。

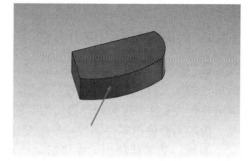

3）加工零件翻面后，没有两条长边可供装夹的情况。观察图 3-85 所示零件可以发现，零件不论长边还是短边，都是由一个直边和弧边构造而成。当使用硬台虎钳翻面装夹该零件时，弧面无论怎么装夹都只能装夹弧面上的一条竖线，因此装夹弧面的那一边装夹力是不够的，必须自制一个与弧面相同弧度的软钳口来装夹，如图 3-86 所示。

图 3-85

图 3-86

4）缺乏垫片的情况。在制作软钳口时，可以在软钳口的顶部做一个台阶，用于代替垫片。这样在实际加工时，就无须在工件底部垫垫片了，软钳口安装在台虎钳上的实际效果如图 3-87 所示，图 3-88 箭头所指的部分为软钳口上自制的台阶。

图 3-87

图 3-88

3.3.7 限位器的使用

限位器是在台虎钳上常用的辅助对刀工具。

在加工中，当加工完零件的正面后翻面装夹时，因为翻面后的毛坯比已加工面的尺寸更大，所以无论是使用光电式对刀仪，还是偏心对刀仪等对刀器，都无法直接对刀至工件已加工面，只能对刀至毛坯面，如图 3-89 所示。而毛坯面属于粗基准，这就会导致正面与反面不为同一基准，加工出的零件便容易达不到要求，且会产生接刀痕，这时就需要使用限位器来辅助 XY 方向的对刀。

限位器是安装在台虎钳两侧的自制小方块。在翻面装夹时，需将已加工面紧靠着限位器，限位器的实际安装效果如图 3-90 所示。

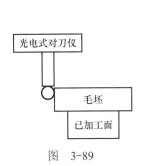

图 3-89   图 3-90

在 X 方向，可以使用对刀仪对刀限位器，再减去限位器的宽度即相对于对刀至工件已加工面，限位器对刀如图 3-91 所示。

在 Y 方向，因为台虎钳是直接夹持工件已加工面，所以对刀仪可以直接对刀台虎钳装夹面，如图 3-92 所示。

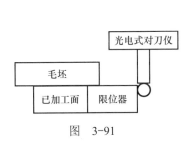

图 3-91   图 3-92

安装限位器后，大部分的零件在翻面后都可以直接对刀到已加工面，这样就避免了零件加工后达不到要求的情况。

第  章

四轴对刀

四轴加工中心案例编程及仿真

4.1 立式四轴加工中心操作、编程与仿真

4.1.1 立式四轴加工中心的坐标系统

1. 机床原点

立式四轴加工中心的机床通常由一台三轴加工中心附加一个回转工作台组成,机床原点默认在机床工作台的右上角,如图 4-1 所示。

2. 第四轴的方向判断

使用右手定则,伸出大拇指,其余四指握住,把工件看成大拇指,把工装看成是握起来的四指,四指指向 A 轴的正方向,如图 4-2 所示。

图 4-1

图 4-2

4.1.2 工件装夹

在立式四轴加工中心上，典型的装夹方式是采用自定心卡盘来装夹圆柱形零件，如图 4-3 所示。

图 4-3

4.1.3 立式四轴加工中心的对刀

1）确定回转工作台表面中心点的坐标值。

2）装夹工件，使工件处于正确的加工位置。

3）确定工件零点。

4）测量刀具长度。

4.1.4 CAM 软件的四轴编程

CAM 系统的迅猛发展，促进了多轴加工的普及。CAM 是使用多轴机床所必备的工具，在多轴加工中 CAM 将发挥不可替代的作用。常见的 CAM 软件有 UG、CAXA 制造工程师等。下面介绍 UG 相关的四轴加工操作：

1）用于四轴定位加工的操作平面铣、型腔铣、固定轴轮廓铣、孔加工。

2）用于四轴联动加工的操作可变轴轮廓铣、顺序铣。

3）用于四轴加工的刀轴控制。

UG 为四轴加工提供了丰富的刀轴控制方法，使多轴加工变得非常灵活。这些刀轴控制方法必须与不同的操作、不同的驱动方式配合，才能完成不同的加工任务。在选择刀轴控制方法时，必须考虑到机床工作台在回转中刀具与工作台、夹具、零件的干涉。减小工作台的旋转角度，并尽可能使工作台均匀缓慢旋转，对四轴加工是非常重要的。

1）可变轴轮廓铣中的刀轴控制方法：①离开直线；②朝向直线；③四轴，垂直于部件；④四轴，相对于部件；⑤四轴，垂直于驱动体；⑥四轴，相对于驱动体。

2）顺序铣中的刀轴控制方法：①四轴投影部件表面（驱动表面）法向；②四轴相切于部件表面（驱动表面）；③四轴与部件表面（驱动曲面）成一角度。

4.1.5 CAM 软件的四轴加工中心后处理定制

在利用 UG 软件创建操作，并生成刀具加工轨迹后，需要根据机床结构、操作系统信息等，把这些包含刀尖点数据的轨迹转变成机床可以执行的代码，这个转换过程称为后处理。

同一台机床可能有多个不同的后处理，但是不同的编程人员用不同的操作、不同的后处理，却能完成同一个零件的加工。针对不同形式的加工编程，需要和后处理协调工作，才能得到想要的结果，因此后处理一定要与加工操作相适应。

4.1.6　数据准备

1）机床原点：工作台右上角。

2）四轴零点（A 轴回转台表面中心点）：X-460，Y-195，Z-615。

3）编程零点：四轴零点，如图 4-4 所示。

图　4-4

4）机床行程：$-600 \leqslant X \leqslant 0$，$-400 \leqslant Y \leqslant 0$，$-450 \leqslant Z \leqslant 0$，$-9999 \leqslant A \leqslant 9999$。

5）数控系统：FANUC 0i。

> 提示
>
> 机床零点和四轴零点不重合时，在编程时通常假设四轴零点为 X0Y0Z0（后处理中也设为 X0Y0Z0），而后在工件偏置 G54 中设置四轴零点的实际位置 X-460Y-195Z-615。

4.1.7　定制后处理

1）在"开始"菜单中单击"后处理构造器"打开后处理主菜单，如图 4-5 所示。

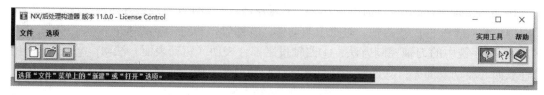

图　4-5

2）设置。新建后处理名为 4axis，单位为毫米，机床类型为四轴带回转台，如图 4-6 所示。单击"确定"按钮进入四轴后处理设置界面。

3）直线轴设置如图 4-7 所示。

机床行程：X600，Y400，Z450。X、Y、Z 轴最大切削速度：F3000。

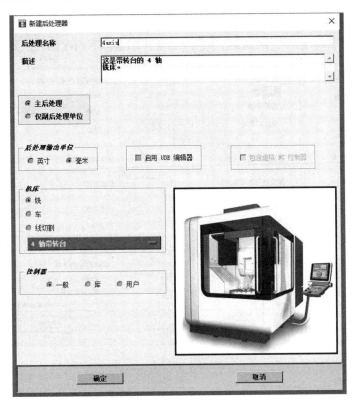

图　4-6

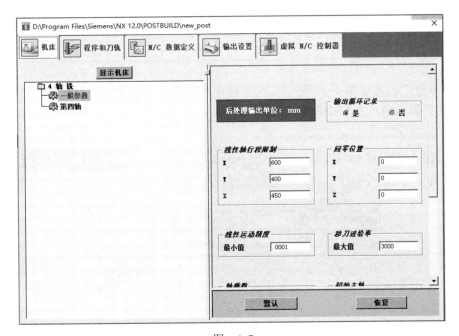

图　4-7

4）第四轴设置，如图4-8所示。

四轴名称：A轴（ZX平面）。行程：±7200。

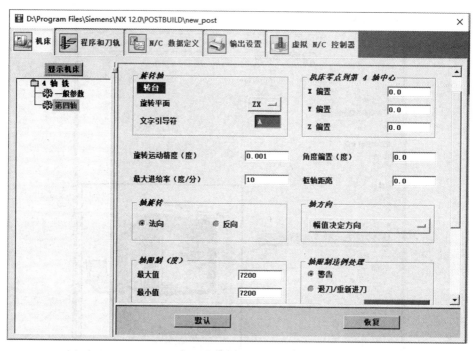

图 4-8

提示

如果在"机床零点到第四轴中心"中设置了实际数据，在机床上则不设置"工件坐标系偏置"（G54～G59），直接在机床坐标系下切削加工，如图4-9所示。

图 4-9

5）"单位"设置如图4-10所示。在"程序和刀轨"下级菜单"G代码"界面，设置"英制模式"为G20，"公制模式"为G21。

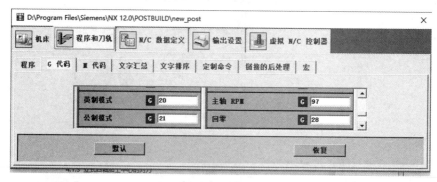

图 4-10

6）设置"程序起始序列"，如图4-11所示。

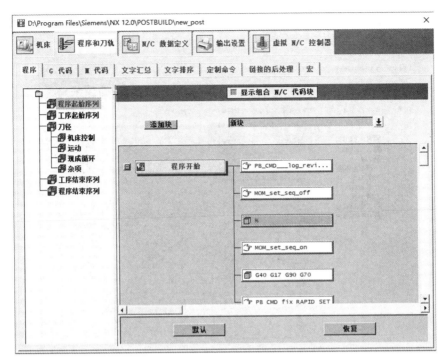

图 4-11

7）设置"工序起始序列"，如图4-12所示。在换刀时加入行号，便于在程序中搜索刀具和统计换刀次数。设置编程坐标系，在"出发点移动"节点加入G90 G54（G-McsFixtureOffset）。

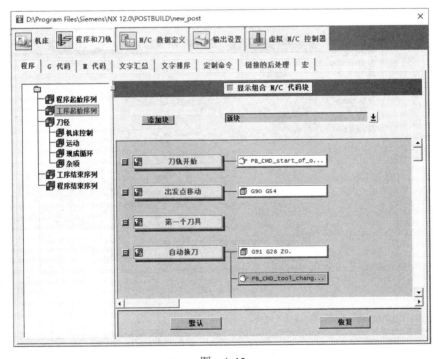

图 4-12

8）设置"刀径"，如图 4-13 所示。在"机床控制"下级菜单"刀具补偿关闭"节点中去掉 G40，使 G40 不再独占一行输出。

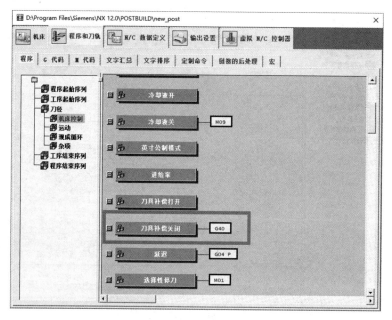

图　4-13

9）设置"程序结束序列"，如图 4-14 所示。用 M30 替换 M02。

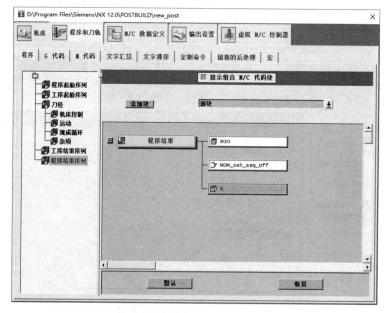

图　4-14

在 custom_command 中加入以下代码：

```
global mom_machine_time
MOM_output_literal"(cut time:[format "%.2f" $mom_machine_time])"
```

加入 NC 程序单中的时间命令如图 4-15 所示。

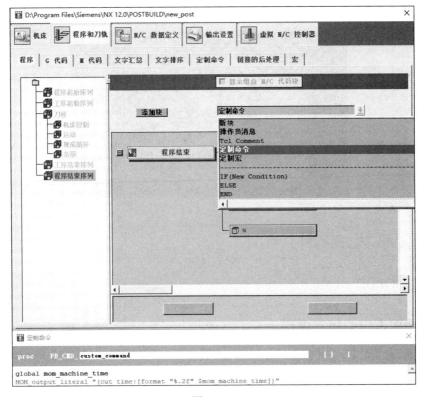

图 4-15

10）保存文件，选择合适路径，命名为 4aixs.pui。

4.1.8 传动轴零件的孔加工工艺

1）传动轴零件图如图 4-16 所示。

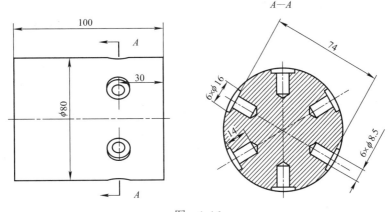

图 4-16

2）毛坯尺寸：$\phi 80\text{mm} \times 100\text{mm}$。

3）装夹：使用自定心卡盘装夹，保证工件露出长度大于 60mm，装夹工件如图 4-17 所示。

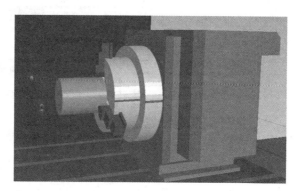

图 4-17

4）工件零点：在工件右端面中心点。

5）刀具：T1 为 ϕ16mm 立铣刀；T2 为 ϕ8.5mm 钻头。

6）程序：O1.txt。

4.1.9 四轴加工中心仿真流程

1）选择仿真需要的加工设备（FANUC 0i 系统的四轴立式加工中心），如图 4-18 所示。

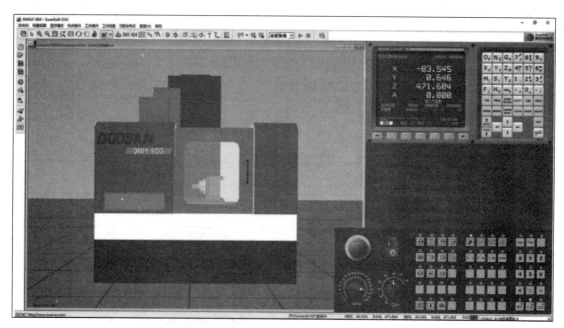

图 4-18

2）选择毛坯：设置需要的毛坯尺寸，如图 4-19 所示。

3）选择刀具：在刀具库中设置好需要的加工刀具，如图 4-20 所示。

4）对刀：设置工件坐标系 G54，如图 4-21 所示。

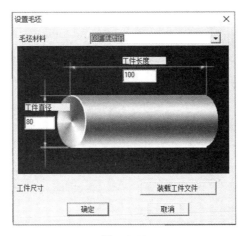

图 4-19

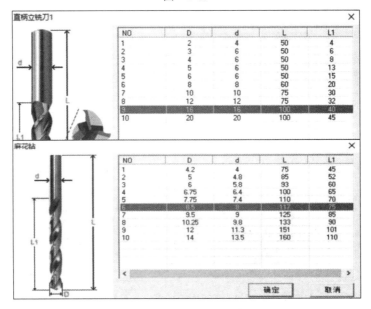

图 4-20

图 4-21

5）调入程序：新建程序名"O2"，在"文件"菜单中单击"打开"按钮，找到程序路径中的 O2.txt 将其调入，如图 4-22 所示。

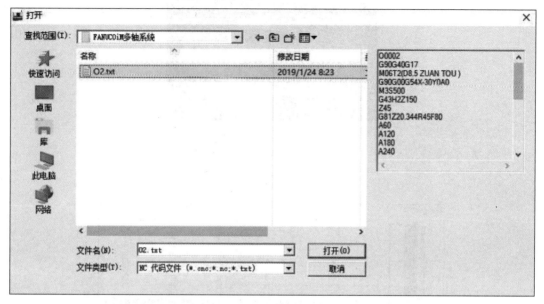

图 4-22

6）观察仿真结果：单击循环启动按钮▣运行程序，并显示模拟结果，测量界面的仿真结果如图 4-23 所示。

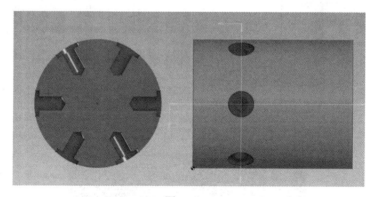

图 4-23

4.2 简易箱体的四轴加工

4.2.1 零件加工工艺

1. 零件分析

图 4-24 为箱体零件图，图 4-25 为毛坯图，40mm×20mm 的台阶已经在三轴数控系统中完成。要求在 20mm×40mm×20mm 的方台上完成 ϕ6mm 孔系的加工。其中 20mm×40mm×20mm

的方台已经加工完毕。零件材料：45 钢。

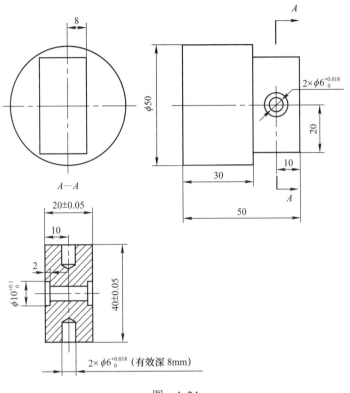

图　4-24

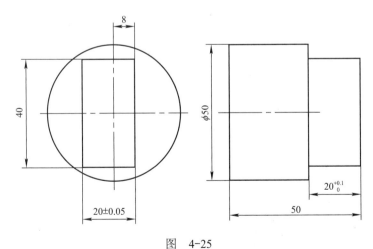

图　4-25

2. 工件装夹

夹具采用自定心卡盘，夹持毛坯 ϕ50mm 圆柱部位，夹持长度大约为 15mm，工件装夹如图 4-26 所示。

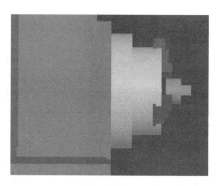

图 4-26

3. 刀具选择

T1：φ5mm 中心钻。

T2：φ5.8mm 钻头。

T3：φ6mm 钻刀。

T4：φ8mm 铣刀。

4.2.2 对刀

本案例采用相对对刀。工件零点设在工件表面和四轴轴线的交点，并储存在 G54 坐标偏置中。

1. 找正 A 轴

使用百分表拉平边长为 40mm 的表面，找正 A 轴如图 4-27 所示。此时机床坐标系的 A 轴位置即工件坐标系 G54 的 A 轴零点。

2. 测量工件零点

使用寻边器测得工件零点的 X 轴、Y 轴偏置，Z 轴为 0，并输入 G54 坐标偏置中，测量 X 轴、Y 轴偏置如图 4-28 所示。

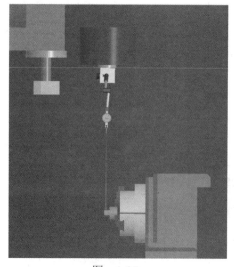

图 4-27

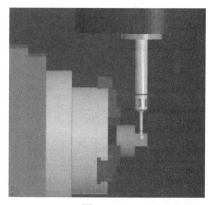

图 4-28

四轴加工中心案例编程及仿真

3. 测量刀具长度

把工作台表面作为对刀平面。首先测量工作台表面相对于四轴回转中心的距离（或查阅四轴回转台参数），实测：距离为 168.396mm，工作台表面相对于四轴回转中心的距离如图 4-29 所示。

采用 Z 向对刀仪，当刀尖和工作台表面是一个对刀仪的距离时，记下机床坐标系的 Z 轴坐标值（例如：Z–475），则当前刀具的刀具长度补偿为：–475–（100–168.396）＝–406.604。依次测量所有刀具，如图 4-30 所示。

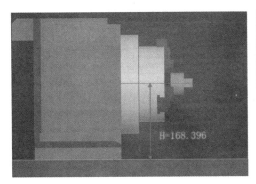

图 4-29

图 4-30

> **提示**
>
> 对于 FANUC 0i 系统，在"坐标偏置"界面，还可以使用"测量"功能键，输入 Z–68.396 进行测量，即可得到刀具长度补偿。

4.2.3 完成零件造型

1. 绘制草图（见图 4-31）

2. 拉伸成实体（见图 4-32）

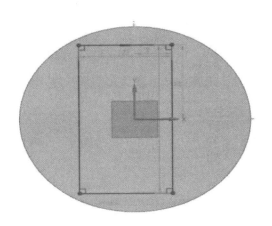

图 4-31

图 4-32

3. 导出实体文件（箱体零件毛坯 .stp）

依次单击"文件""导出""stp"，选择实体（非实体需要布尔求和来合并，不显示草图线），导出快速成型文件（文件名：箱体零件毛坯 .stp）作为斯沃仿真的毛坯几何体。

4. 完成其他孔的造型

如图 4-33 所示，并保存文件。

图　4-33

5. 设置加工坐标系

1）进入加工模块，在加工环境中选择"多轴铣加工"（mill_multi-axis），如图 4-34 所示。

2）细节设置。在"工序导航器"的空白处选择"几何视图"调出坐标系界面，找到"细节"设置，设置为主加工坐标系 G54（对应装夹偏置 1），细节设置如图 4-35 所示。

3）加工坐标系的零点设在工件表面和四轴轴线的交点，保证 X 轴和 A 轴轴线一致，设置加工坐标系的零点如图 4-36 所示。

6. 创建刀具

在刀具视图下，创建所有刀具。依次为每一把刀具设置参数，如图 4-37 ～图 4-41 所示。

图　4-34

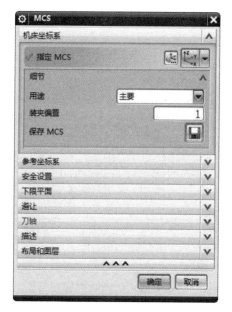

图　4-35

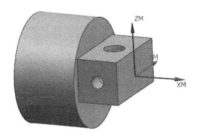

图 4-36

图 4-37

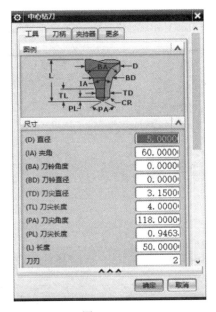

图 4-38

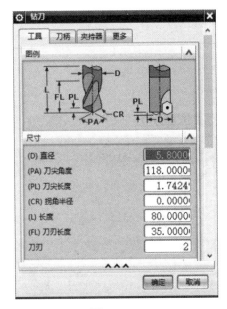

图 4-39

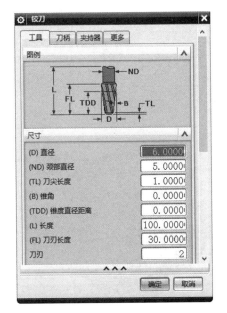

图 4-40

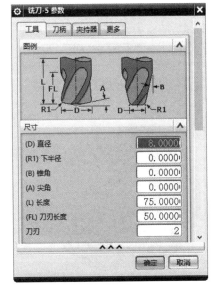

图 4-41

7. 生成中心钻操作

1）创建操作。刀具选择"T1（钻刀）"，几何体选"WORKPIECE"，名称为"YZ1"，如图 4-42 所示。

2）操作参数设置如图 4-43、图 4-44 所示。指定孔：选择面上所有孔，拾取零件表面。刀具：T1（钻刀）。指定矢量：孔的轴线。循环：钻孔深度选择刀尖深度。避让：安全面设在钻孔表面上方 100mm。切削用量：S1600，F80。

3）依次生成其他 3 个面的中心钻操作 YZ2、YZ3、YZ4，如图 4-45 所示。

图 4-42

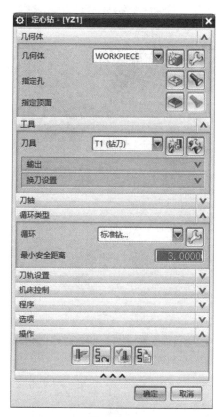

图 4-43

图 4-44

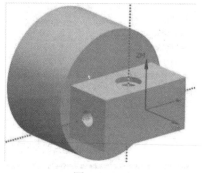

图 4-45

8. 生成钻 ϕ5.8mm 孔操作

1）创建操作。刀具选择"T2（钻刀）"，几何体选"WORKPIECE"，名称为"Z1"，如图 4-46所示。

2）操作参数设置如图 4-47、图 4-48 所示。

指定孔：选择面上所有孔，拾取零件表面。

刀具：T2（钻刀）。

循环：钻孔深度选择模型深度。指定矢量：孔的轴线。

避让：安全面设在钻孔表面上方 100mm。切削用量：S2000，F150。

3）依次生成其他两个面的钻孔操作 Z2、Z3，如图 4-49 所示。

9. 生成铰 ϕ6mm 孔操作

1）创建操作。刀具选择"T3（钻刀）"，几何体选"WORKPIECE"，名称为"J1"，如图 4-50所示。

图　4-46

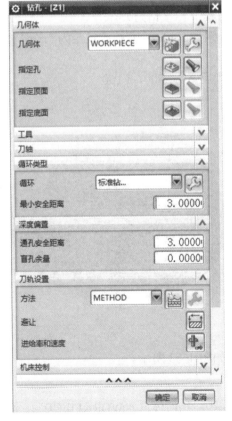

图　4-47

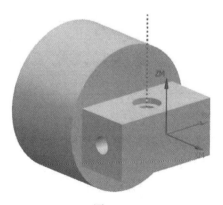

图　4-48

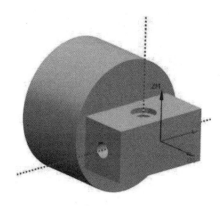

图 4-49

图 4-50

2）操作参数设置如图 4-51、图 4-52 所示。

指定孔：选择面上所有孔，拾取零件表面。刀具：T3（钻刀）。

循环：钻孔深度选择刀尖深度，通孔设定值分别为 25mm（两端孔设定为 8mm）。指定矢量：孔的轴线。

避让：安全面设在钻孔表面上方 100mm。切削用量：S500，F160。

图 4-51

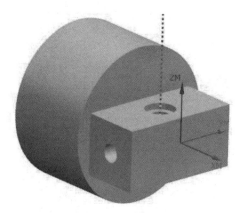

图 4-52

3）依次生成其他两个面的铰孔操作 J2、J3，如图 4-53 所示。

10. 生成铣 ϕ8mm 孔操作

1）创建操作。刀具选择"T4（铣刀 -5 参数）"，几何体选"WORKPIECE"，名称为"X1"，如图 4-54 所示。

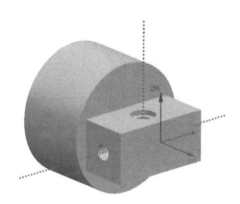

图 4-53

图 4-54

2）操作参数设置如图 4-55、图 4-56 所示。

图 4-55

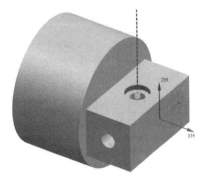

图 4-56

选择孔的侧壁，自动识别直径和深度。刀具：T4。

切削参数：零件余量 0。

避让：安全面设在钻孔表面上方 100mm。切削用量：S3000，F300。

3）生成另一个面的铣孔操作 X2，如图 4-57 所示。

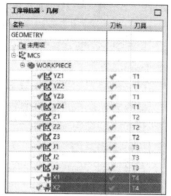
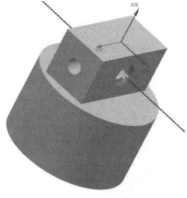

图　4-57

11. 后处理生成 NC 程序

1）选择加工坐标系为节点，然后单击鼠标右键，在弹出的菜单中选择"后处理"，如图 4-58 所示。

2）浏览以查找后处理器，从外部调入后选择后处理器为"4axis"（详见附件）。

3）选择文件"O1"，如图 4-59 所示。

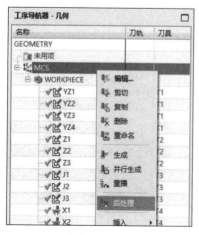
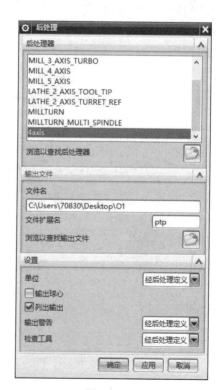

图　4-58　　　　　　　　　　图　4-59

4.2.4　使用斯沃仿真切削过程

1）选择仿真需要的加工设备（FANUC 0i 系统的四轴立式加工中心），如图 4-60 所示。

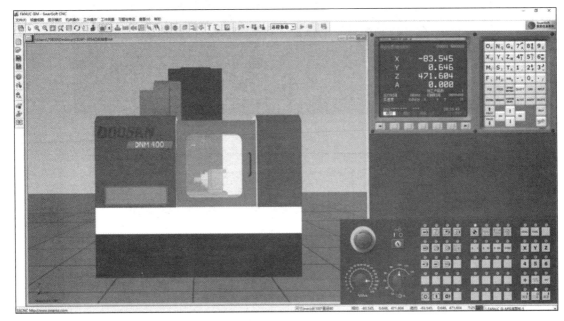

图　4-60

2）选择毛坯，导入 CAD 已经造型好的毛坯文件，如图 4-61 所示。

3）选择刀具，在刀具库中设置好需要的加工刀具，如图 4-62 所示。

4）对刀，设置工件坐标系 G54，如图 4-63 所示。

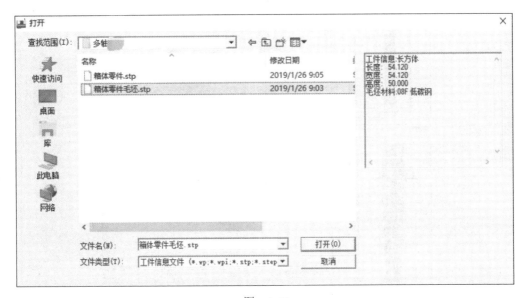

图　4-61

图 4-61（续）

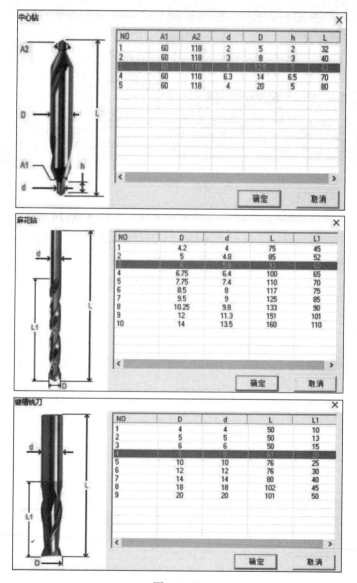

中心钻

NO	A1	A2	d	D	h	L
1	60	118	2	5	2	32
2	60	118	3	8	3	40
3	60	118	5	12.5	5	63
4	60	118	6.3	14	6.5	70
5	60	118	4	20	5	80

确定　取消

麻花钻

NO	D	d	L	L1
1	4.2	4	75	45
2	5	4.8	85	52
3	6	5.8	90	60
4	6.75	6.4	100	65
5	7.75	7.4	110	70
6	8.5	8	117	75
7	9.5	9	125	85
8	10.25	9.8	133	90
9	12	11.3	151	101
10	14	13.5	160	110

确定　取消

键槽铣刀

NO	D	d	L	L1
1	4	4	50	10
2	5	5	50	13
3	6	6	50	15
4	8	8	61	20
5	10	10	76	25
6	12	12	76	30
7	14	14	80	40
8	18	18	102	45
9	20	20	101	50

确定　取消

图 4-62

图 4-63

5）调入程序：新建程序名"O4"，在"文件"菜单中选择"打开"，找到程序路径中的 O4.txt，如图 4-64 所示。

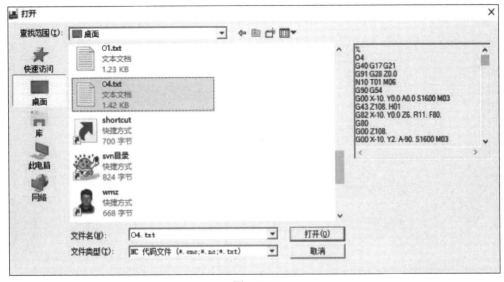

图 4-64

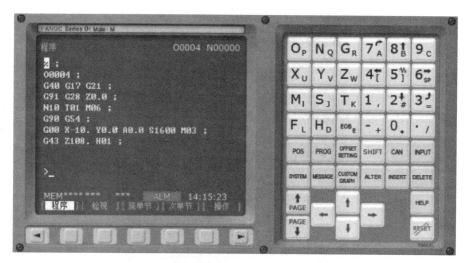

图 4-64（续）

6）观察仿真结果：单击循环启动按钮运行程序并显示模拟结果，调出测量剖视图，如图 4-65 所示。

图 4-65

第5章

五轴加工中心案例编程及仿真

5.1 五轴双转台加工中心操作、编程基础

工艺特点：对于双转台五轴机床，首先要准确获得工件在机床（工作台）上的装夹位置，一般是测量编程零点相对于五轴零点的坐标位置，而后在 CAM 中建立工件坐标系，最后创建操作，生成刀具轨迹。刀具长度与编程无关。

5.1.1 五轴机床坐标系

五轴双转台加工中心机床坐标系包含 3 个直线轴（X、Y、Z）和 2 个旋转轴。2 个旋转轴与机床机械结构有关：一种是绕 X 轴和 Z 轴旋转的 A、C 轴，如图 5-1 所示；另一种是绕 Y 轴和 Z 轴旋转的 B、C 轴，其中绕 Z 轴旋转的 C 轴是第五轴，如图 5-2 所示。

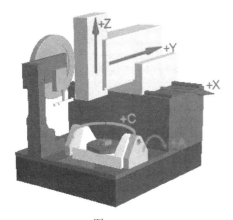
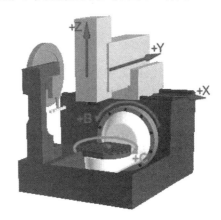

图 5-1   图 5-2

1. 机床原点

四轴双转台加工中心的零点位置，通常设置在机床回转工作台中心。对于经济型五轴机床，一般设置在进给行程范围的终点。为了简化工件找正、对刀等操作，机床零点最好设置在四轴中心点或五轴中心点。对于带 RPCP 功能的现代五轴机床，很多都提供了较好的对刀循环指令，无论机床零点设在何处，机床对刀操作都非常简单。五轴中心点设在主轴下端

面锥孔中心，四轴中心点设在 C 轴回转中心，分别如图 5-3、图 5-4 所示。

图　5-3

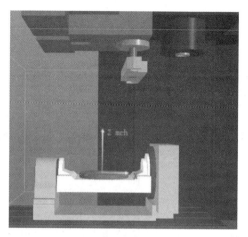
图　5-4

2. 四轴中心点

四轴中心点是第四轴和第五轴轴线的交点。对于四轴和五轴轴线不相交的机床，则过五轴轴线作一垂直于四轴轴线的辅助面，辅助面和四轴轴线的交点就是四轴中心点。测量四轴中心点在机床坐标系下的位置是一项基本技能，是定制后处理必需的数据。

3. 五轴中心点

五轴中心点是回转工作台表面和第五轴轴线的交点。编程零点一般设置在五轴中心点。检测五轴中心点和四轴中心点的距离是非常重要的工作，是定制后处理必需的数据，是保证零件加工精度的基础。

5.1.2　工件装夹

在五轴双转台加工中心上，为了避免工作台在旋转过程中造成的刀具与工件、夹具、工作台的干涉，工件的装夹方案至关重要。

对于圆柱形零件，典型的装夹方案是采用自定心卡盘来装夹；对于支架类零件，一般采用压板装夹；对于箱体类零件，则采用专用工装进行装夹。对于小型零件，装夹时还要保证工件的露出高度和必要的装夹刚性，既要避免夹具和刀具的干涉，还要便于对刀。

5.1.3　对刀

1. 确定工件零点

一般通过对刀棒测量工件在机床坐标系中的位置，也可采用光电寻边器测量工件零点，现代较先进的机床则采用 3D 测头。

2. 测量刀具长度

在五轴加工中，总是采用绝对刀长，可以通过激光对刀仪测量，也可通过机内对刀仪测量。对于经济型五轴机床，可以通过对刀棒、Z 轴设定仪测量。

5.2　UG 五轴编程

5.2.1　用于定位加工的操作

平面铣、型腔铣、固定轴轮廓铣、孔加工等所有三轴操作均属于用于定位加工的操作。

5.2.2　用于五轴联动加工的操作

可变轴轮廓铣，通常用来对零件的曲面区域进行加工。通过对刀轴方向、投影矢量、驱动面的控制，可以加工非常复杂的零件。可变轴轮廓铣为四轴和五轴加工中心提供了一种高效的、强大的编程功能，使 CAM 编程人员能够实现从简单零件到复杂零件的加工，是多轴加工最常用的操作。

顺序铣，通过从一个表面到另一个表面的连续切削来加工零件轮廓。顺序铣提供了丰富的刀轴控制功能，用来保持刀具与驱动几何体、零件几何体的相对位置。顺序铣操作可以完全控制刀具的运动，在复杂的、需要多轴加工的零件的精加工中非常有用。一个有经验的编程人员可以使用顺序铣来简化一个复杂刀具轨迹的创建过程。

5.2.3　刀轴控制

UG 为多轴加工提供了丰富的刀轴控制方法，使多轴加工变得非常灵活。这些刀轴控制方法必须与不同的操作、不同的驱动方式配合，才能完成不同的加工任务。在选择刀轴控制方法时，必须考虑到机床工作台在回转中，刀具与工作台、夹具、零件的干涉。减小工作台的旋转角度，并尽可能使工作台均匀缓慢旋转，对五轴加工是至关重要的。

（1）可变轴轮廓铣中的刀轴控制方法

1）离开点、朝向点、离开直线、朝向直线。

2）相对于矢量、垂直于部件、相对于部件。

3）四轴、垂直于部件，四轴、相对于部件，双四轴在部件上。

4）插补矢量、插补角度至部件、插补角度至驱动。

5）垂直于驱动体、相对于驱动体。

6）侧刃驱动体。

7）四轴、垂直于驱动体，四轴、相对于驱动体，双四轴在驱动体上。

（2）顺序铣中的刀轴控制方法

1）垂直于部件表面（Normal to PS）：刀轴保持垂直于零件面。

2）垂直于驱动表面（Normal to DS）：刀轴保持垂直于驱动面。

3）平行于部件表面（Parallel to PS）：使刀具的侧刃保持与部件表面的直纹线在接触点处平行。该选项必须在刀具上指定一圈环，以确定刀具侧刃与部件表面接触的位置。

4）平行于驱动曲面（Parallel to DS）：使刀具的侧刃保持与部件曲面的直纹线在接触点处平行。该选项必须在刀具上指定一圈环，以确定刀具侧刃与部件曲面接触的位置。

5）相切于部件表面（Tangent to PS）：刀具与当前运行方向垂直，侧刃与部件表面相切。也必须指定一圈环。

6）相切于驱动曲面（Tangent to DS）：刀具与当前运行方向垂直，侧刃与驱动曲面相切。

也必须指定一圈环。

7）与部件表面成一定角度（At Angle to PS）：刀具与部件表面法向保持一个固定角度，与运行方向也保持一定的角度（前角或后角选项）。

8）与驱动曲面成一定角度（At Angle to DS）：刀具与部件曲面法向保持一个固定角度，与运行方向也保持一定的角度（前角或后角选项）。

9）扇形（Fan）：从起始点到停止点刀轴均匀变化。

10）通过固定的点（Thru Fixed Pt）：刀具轴线总是通过一个固定的点。

5.3 UG 五轴双转台加工中心后处理定制

后处理的定制涉及很多内容，包括机床参数、数控系统功能、编程人员的个人习惯，甚至是零件的工艺要求。通常要根据机床零点、编程零点、加工轨迹的控制等多种情形，定制对应的后处理，所以同一台机床针对不同的情形，可能需要不同的后处理。下面的后处理中不包括五轴加工的特殊功能，所有加工指令均在机床坐标系下运行。

5.3.1 搜集机床数据

1）机床型号：斯沃五轴 AC 双转台结构。

2）控制系统：FANUC。

3）机床零点：直线轴行程极限点。

4）A 轴（第四轴）零点：A 轴和 C 轴轴线的交点，实测坐标 X-381，Y-267.5，Z-530。

5）当零件的加工精度达不到要求或机床发生碰撞后，都要重新测量 A 轴零点坐标。在机床保养中，每隔一段时间就要检测 A 轴零点是否发生零点偏置（比如由于机床的振动光栅尺发生了位移）。

6）A 轴实际行程是 –5 ～ 110，设为 A0 ～ 110 的目的是避免后处理时出现歧义，当有特殊需要时，可复制现有后处理并修改行程为 –5 ～ 110，C 轴的实际行程一般没有限制，即 C±9999，实际设为 C–3600 ～ 3600，是限制编程时不要让 C 轴持续向某一个方向旋转。如果 C 轴设为 C0 ～ 360，则只能用于点位定向加工，而不适合螺旋类零件的加工，螺旋类零件如图 5-5 所示。

图　5-5

7）C 轴（第五轴）零点为 X–381，Y–267.5，Z–530。

8）编程零点：C 轴零点（X–381 Y–267.5 Z–530）。

9）机床参考点：X0，Y0，Z0（机床右上角行程极限点）。

10）机床行程：X0 ～ 500，Y0 ～ 450，Z0 ～ 400，A0 ～ 110，C–3600 ～ 3600。

注意：

　　对于机床零点不在工作台中心的机床，可通过坐标偏置（例如：G54）把编程零点设在工作台中心点。

5.3.2 定制后处理

1）打开 UG 的后处理构造器，设置后处理名"5tt-AC"、后处理输出单位、后处理机床类型、控制系统模板，如图 5-6 所示。

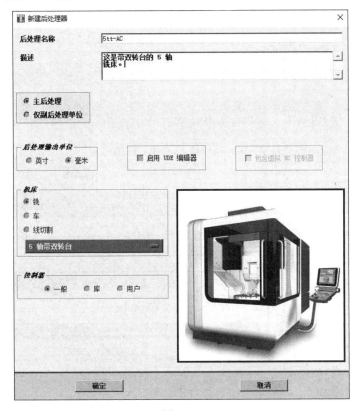

图　5-6

2）设置直线轴参数，如图 5-7 所示。

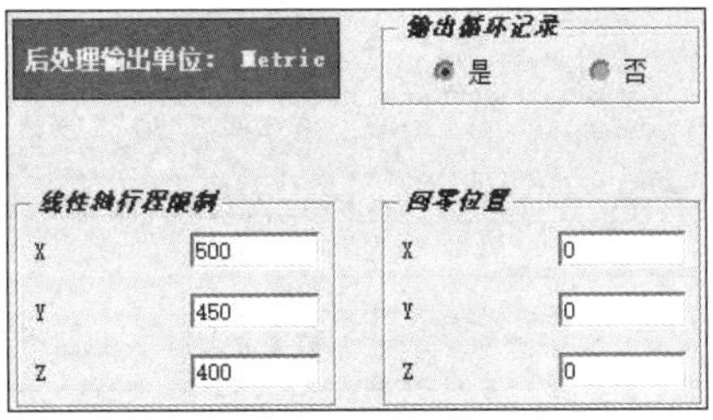

图　5-7

3）设置第四、五轴参数。

① 设置四轴零点和第四轴行程，如图 5-8 所示。

② 设置五轴零点、四轴零点的位置关系和第五轴行程，如图 5-9 所示。

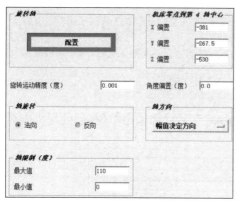

图　5-8   图　5-9

设置第四轴、第五轴的名称和旋转平面，如图 5-10 所示。

4）换刀设置。为避免刀具和工件、夹具、回转工作台发生碰撞，在换刀结束后，添加 Z 轴返回参考点指令：G91 G28 Z0，刀具沿 Z 轴退回最远端，如图 5-11 所示。

图　5-10

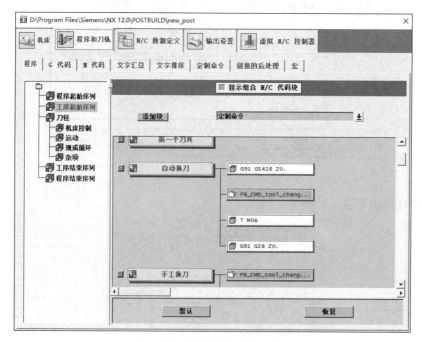

图　5-11

5）快速移动 G00 设置。为避免刀具快速移动时刀具和工件发生碰撞，在刀具快速定位时，通常先移动 X、Y、A、C 轴，而后沿 Z 轴接近工件，避免 Z 轴和旋转轴同时快速移动，如图 5-12 所示。

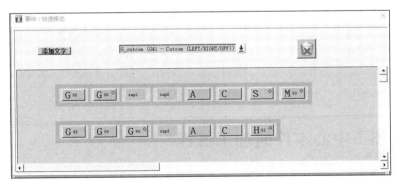

图　5-12

6）设置退刀操作。操作结束后，为避免在下一个操作中 A、C 轴旋转时造成刀具和工件的碰撞，在每一个操作结束时，Z 轴要退回正向的最远点。由于机床参考点在机床的右上角极限行程终点，所以添加刀具返回参考点指令：G91 G28 Z0，如图 5-13 所示。

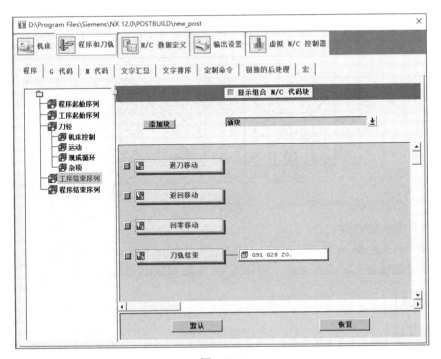

图　5-13

7）其他设置与四轴后处理相同。

8）保存后处理到自定义的目录下，文件名为 5tt-AC.pui，如图 5-14 所示。

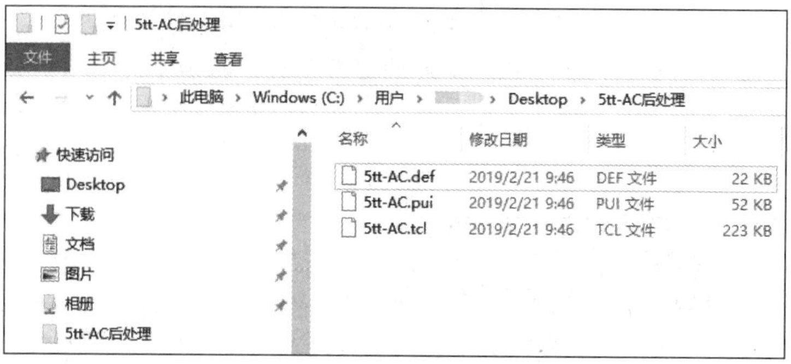

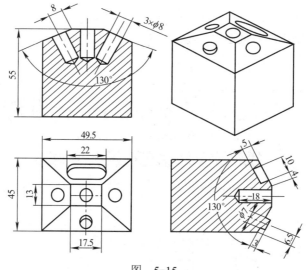

图 5-14

5.4 五轴加工中心零件的加工流程

5.4.1 工艺分析

1）分析图样，基座零件图如图 5-15 所示。

图 5-15

2）选择夹具：直接装夹。

3）选择刀具：$\phi16mm$ 铣刀、$\phi10mm$ 铣刀、$\phi7.75mm$ 钻头。

4）毛坯采用已加工好的六面体，尺寸为 49.5mm×45mm×55mm。

5.4.2 机床操作

1. 找正工件

在 A0C0 状态下，拉平 X 方向或 Y 方向，保证其中一个方向与机床坐标系平行，如图 5-16 所示。

2. 对刀

G54 设置为 X0Y0Z0。测量工件编程零点（设定在工件底面中心点）相对于五轴中心的位置偏移。实测为 X0Y0Z0，如图 5-17 所示。

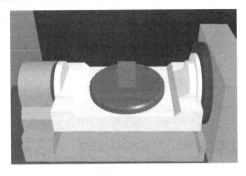

图　5-16　　　　　　　　　　　　　　图　5-17

测量刀具长度方案如下：

方案 1：通过激光对刀仪测量所有刀具的长度。

方案 2：在工作台表面（或已知坐标平面）采用对刀棒或 Z 轴对刀仪对刀。

提示

对于机床零点不在五轴零点的机床，要提前测量五轴中心的坐标，并写入相应的工件偏置（例如 G54）中，在加工时，调用对应坐标系（例如 G54）。

5.4.3　UG 编程

1）打开文件"基座 .prt"。

2）进入加工模块，在加工环境中选择"多轴铣加工"（mill_multi-axis），如图 5-18 所示。

3）加工环境设置。在主菜单中单击"首选项"按钮及"加工"按钮，进入"加工首选项"对话框，找到"几何体"选项卡，勾选"将 WCS 定向到 MCS"，如图 5-19 所示。定制合适的加工环境，可以使工作过程变得非常轻松，并提高工作效率。

图　5-18　　　　　　　　　　　　　　图　5-19

4）在刀具视图模式下，创建刀具并设置刀具参数，如图 5-20 所示。

ϕ16mm 铣刀：T1，H1。

ϕ10mm 铣刀：T2，H2。

ϕ7.75mm 钻头：T3，H3。

工序导航器 - 机床				
名称	刀轨	刀具	描述	刀具号
GENERIC_MACHINE			Generic Machine	
📄 未用项			mill_multi-axis	
Z8			Drilling Tool	3
D16			Milling Tool-5 Parameters	1
D10			Milling Tool-5 Parameters	2

图 5-20

5）设置加工坐标系及安全平面。在几何视图下，编辑加工坐标系，如图 5-21a 所示。首先把加工坐标系设定在工件底面中心点，而后根据对刀结果，在动态坐标系方式下，平移坐标系到 X-0Y-0Z-0 的位置，如图 5-21b 所示。设置"装夹偏置"为"1"（对应坐标偏置 G54）。

a)

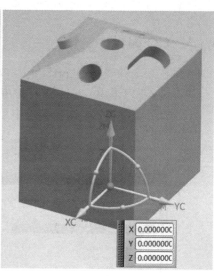

b)

图 5-21

6）编程。在几何视图模式下，为每个加工平面设置局部坐标系，采用 3+2 定位加工的方式，完成斜面、圆台、键槽、孔的加工。

① 加工 ϕ7mm 圆台及斜面。

第 1 步：创建局部坐标系。单击创建几何体按钮 📷，在弹出的"创建几何体"对话框中，设置父几何体、名称如图 5-22 所示，单击"确定"按钮，弹出"MCS"对话框如图 5-23 所示。

第 2 步：在 ⌐指定 MCS ⌐⌐⌐ 区域单击向下箭头，在弹出的菜单中，选择"平面，X 轴，点"类型，依次选择坐标、X 轴方向、坐标零点，如图 5-24 所示。

图　5-22

图　5-23

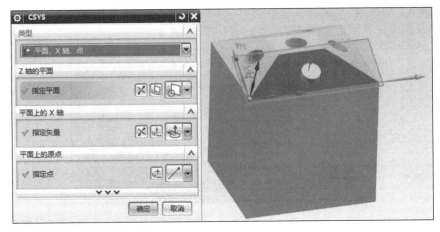

图　5-24

第 3 步：设置"细节""安全平面"，如图 5-25 所示。单击"确定"按钮完成局部坐标系设置，如图 5-26 所示。

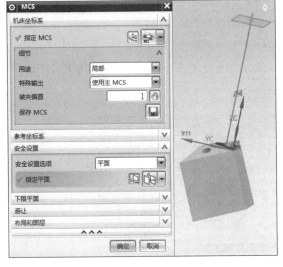

图　5-25

图　5-26

第 4 步：在"MCS_1"节点下，创建两个"平面铣"操作，分别完成 ϕ7mm 圆台底面和顶面的铣削，如图 5-27 所示。

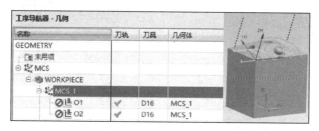

图　5-27

② 加工 22mm×10mm 键槽及斜面。

创建局部坐标系 MCS_2，并在其节点下创建两个"平面铣"操作，分别完成 22mm×10mm 键槽及斜面的铣削，如图 5-28 所示。

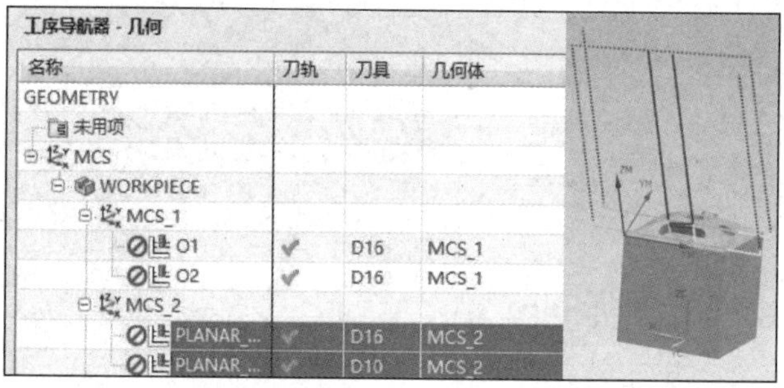

图　5-28

③ 加工有 ϕ8mm 孔的斜面。

创建局部坐标系 MCS_3，并在其节点下创建一个"平面铣"操作，完成斜面的铣削，如图 5-29 所示。右键单击刚生成的平面铣操作，如图 5-30 所示，依次选择"对象"、"变换"，镜像一个平面铣操作，完成另一个斜面的铣削，如图 5-31 所示。

④ 完成 3 个 ϕ8mm 孔的钻孔加工，如图 5-32 所示。

⑤ 后处理。在程序视图的模式下，按照加工顺序，选择所有操作，使用 FANUC 系统的后处理生成 NC 程序 O1.ptp，如图 5-33 所示。

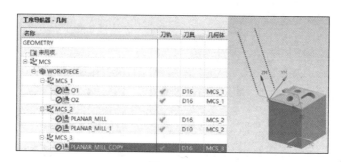

图　5-29

名称	刀轨	刀具	几何体	方法
GEOMETRY				
未用项				
MCS				
WORKPIECE				
MCS_1				
O1	✔	D16	MCS_1	METHOD
O2	✔	D16	MCS_1	METHOD
MCS_2				
PLANAR_MILL	✔	D16	MCS_2	METHOD
PLANAR_MILL_1	✔	D10	MCS_2	METHOD
MCS_3				
PLANAR_MILL_COPY		D16	MCS_3	METHOD
		D16	MCS_3	METHOD
		Z8	WORKPIECE	METHOD
		Z8	WORKPIECE	METHOD
		Z8	WORKPIECE	METHOD

右键菜单:
- 编辑...
- 剪切
- 复制
- 删除
- 重命名
- 生成
- 并行生成
- 重播
- 后处理
- 插入 ▶
- 对象 ▶
  - 变换...
  - 显示
  - 批准
  - 更新受抑制状态
  - 查找相关特征
  - 示教操作...
  - 定制...
  - 定制依据...
  - 模板设置
- 刀轨 ▶
- 工件 ▶

图 5-30

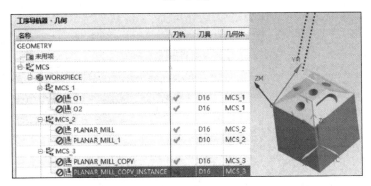

图 5-31

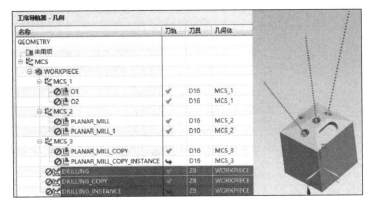

图 5-32

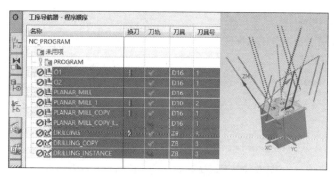

图 5-33

5.4.4 斯沃仿真

1）选择仿真需要的加工设备（FANUC 0i 系统五轴双转台 AC 结构立式加工中心），如图 5-34 所示。

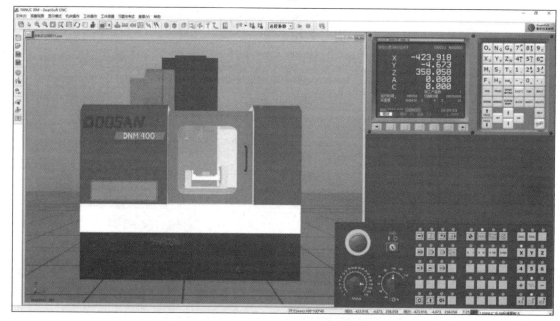

图 5-34

2）选择毛坯，设置毛坯文件，如图 5-35 所示。

3）选择刀具，在刀具库中设置好需要的加工刀具，如图 5-36 所示。

图 5-35

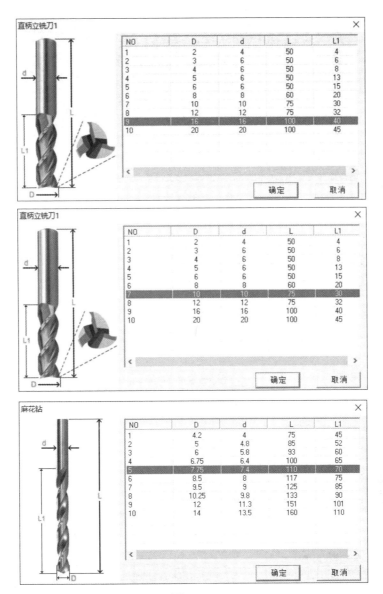

图 5-36

4）对刀，设置工件坐标系 G54，如图 5-37 所示。

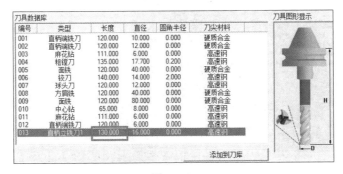

图 5-37

图 5-37（续）

> **注意**
>
> 这里面输入的刀长不是刀具列表中的 L 值，L 值只是刀具本身的刀杆长度，这里的长度补偿是刀具安装到主轴后，主轴端面到刀尖的距离，这个数据通过刀具数据库可查。

5）调入程序：新建程序名"O55"，在"文件"菜单中单击"打开"，找到程序路径中的 O55.txt，选中后单击"打开"按钮即可，导入后如图 5-38 所示。

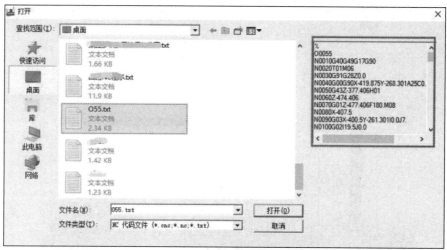

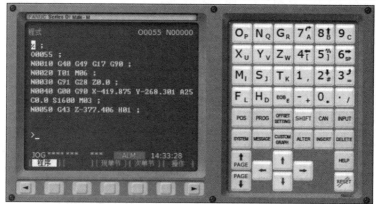

图 5-38

6）观察仿真结果：单击循环启动按钮，运行程序并显示模拟结果，调出测量剖视图，如图 5-39 所示。

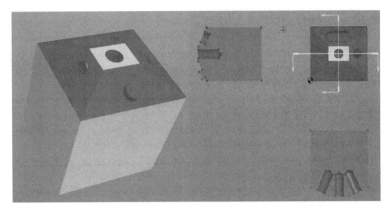

图　5-39

第6章

综合案例仿真加工

6.1 九州鼎案例编程

6.1.1 实例整体分析

图 6-1 为九州鼎工程图样，该零件有台阶、圆孔、斜面等特征，需进行五轴联动加工。

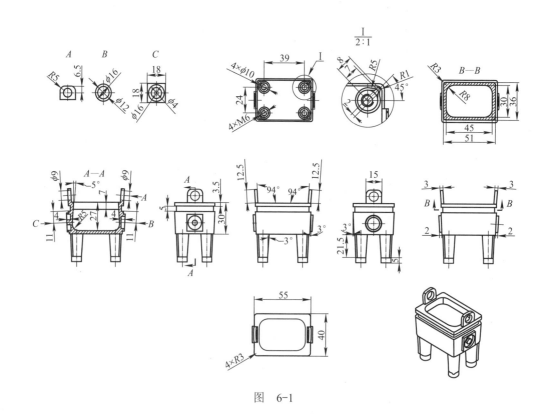

图 6-1

6.1.2 实例加工分析

1）根据零件工程图，应用 UG NX 软件进行三维建模。

2）结合机床特点，明确加工思路，制订零件加工工艺。

3）依据制订的加工工艺，应用 UG NX 软件完成零件的 CAM 编程并生成 NC 代码。

4）使用软件进行虚拟加工仿真，验证加工刀路正确性，以防止产生加工干涉。

5）利用机床、工量具和生成的 NC 代码对零件进行实际加工并填写自检表。

6.2 工艺规划

6.2.1 毛坯形状与材料

毛坯材料采用铝合金 2A12，毛坯为精毛坯，以保证毛坯装夹的精度。毛坯尺寸如图 6-2 所示。

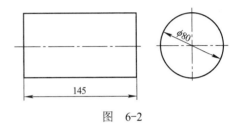

图 6-2

6.2.2 装夹方案

根据五轴机床结构及夹具、毛坯特征，选定下面的装夹方案，使用自定心卡盘进行装夹，加工九州鼎鼎座和鼎足部分。

二次装夹使用螺钉固定，在鼎足加工四个螺孔，与夹具相连接，如图 6-3 所示。

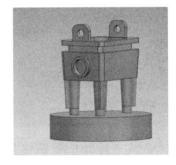

图 6-3

6.2.3 工艺路线确定

基于装夹方案分析，确立九州鼎加工工艺方案为：先使用 ϕ8mm 平底铣刀对九州鼎鼎座及鼎足进行加工，采用定轴加工方式，再使用 ϕ4mm 平底铣刀加工沟槽部分。使用 ϕ3.3mm 钻头钻出 M4 螺纹底孔，使用 M4 丝锥进行攻丝，完成第一次装夹加工。

进行二次装夹，使用 ϕ8mm 平底铣刀对九州鼎鼎耳、鼎腹进行加工，再使用 R4mm 球刀对鼎腹部分进行精加工，见表 6-1。

表 6-1

工 步	工 作 内 容	刀 具	主轴转速 /（r/min）	背吃刀量 a_p/mm	进给速度 F/（mm/min）
1	铣鼎座、鼎足（粗铣）	ϕ8mm 铣刀	10000	1	2500
2	铣鼎座、鼎足（精铣）	ϕ8mm 铣刀	10000		1500
3	铣鼎座（二次加工）	ϕ4mm 铣刀	10000		1500
4	钻四个孔	ϕ3.3mm 钻头	600	3	60
5	二次装夹				
6	铣鼎耳、鼎腹（粗铣）	ϕ8mm 铣刀	10000	1	2500
7	铣鼎耳（精铣）	ϕ8mm 铣刀	10000		1500
8	铣鼎腹	R4mm 球刀	10000		1500

6.3 三维建模

6.3.1 整体外形特征建立

1. 鼎座特征建立

1）单击 ![草图] 按钮进入草图绘制界面。按照图 6-1 尺寸，以基准坐标系 XOY 平面为基准使用"矩形"工具绘制 55mm×40mm、51mm×36mm 的长方形，如图 6-4 所示。

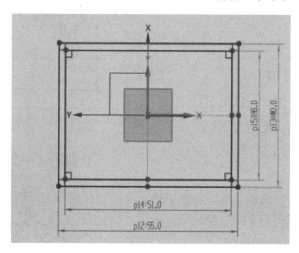

图　6-4

2）绘制完成后单击 ![完成草图] 按钮完成草图的绘制，单击 ![拉伸] 按钮，选择 55mm×40mm 长方形沿基准坐标系 Z 轴的正方向拉伸 3.5mm，创建出实体特征如图 6-5 所示。

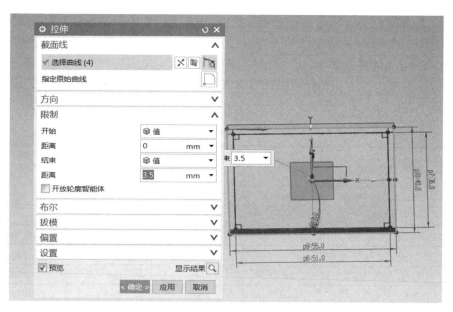

图　6-5

3）单击 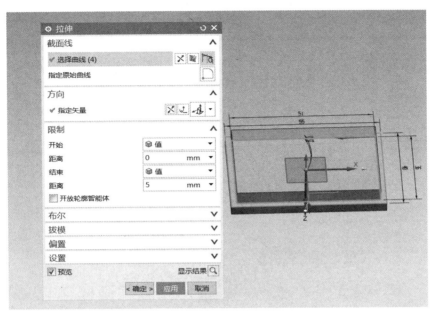 按钮，选择 51mm×36mm 长方形沿基准坐标系 Z 轴的负方向拉伸 5mm，创建出实体特征如图 6-6 所示。

图　6-6

4）单击 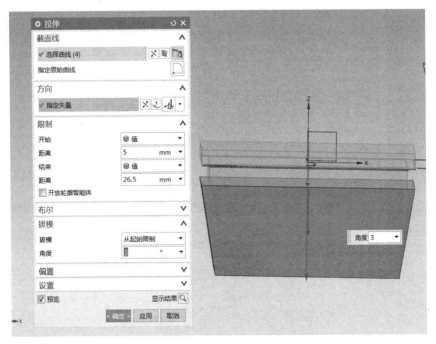 按钮，选择 55mm×40mm 长方形沿基准坐标系 Z 轴的负方向拉伸，从 5mm 处开始，到 26.5mm 处结束，拔模角度为 3°。创建出实体特征如图 6-7 所示。

图　6-7

5）单击 按钮进入草图绘制界面。按照图 6-1 尺寸，以 40mm 拔模平面为基准绘制 18mm×18mm 的正方形及 ϕ16mm、ϕ4mm 的圆，如图 6-8 所示。

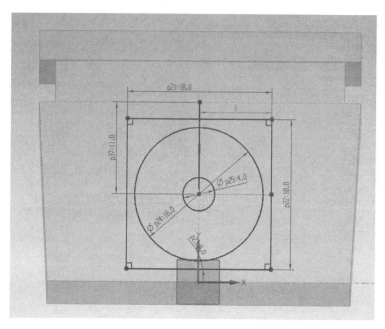

图　6-8

6）绘制完成后单击 按钮完成草图的绘制，并单击 按钮，选择草图曲线沿基准坐标系 Z 轴的正方向拉伸 2mm，创建出实体特征如图 6-9 所示。

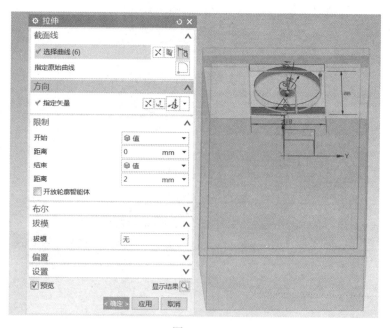

图　6-9

7）单击 ![拉伸] 按钮，选择 ϕ16mm、ϕ4mm 的圆沿基准坐标系 Z 轴的负方向拉伸 2mm，布尔运算为"减去"，创建出实体特征如图 6-10 所示。

图　6-10

8）单击 ![草图] 按钮进入草图绘制界面。按照图 6-1 尺寸，以 40mm 拔模另一平面为基准，使用"圆"工具绘制 ϕ16mm、ϕ12mm 的圆，如图 6-11 所示。

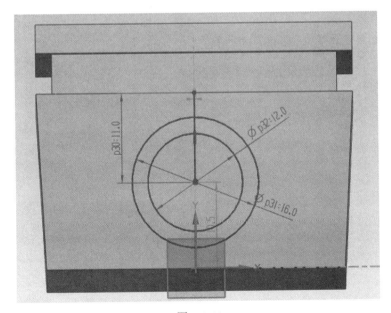

图　6-11

9）绘制完成后单击 ![完成草图] 按钮完成草图的绘制，并单击 ![拉伸] 按钮，选择 ϕ16mm 的圆曲线沿基准坐标系 Z 轴的正方向拉伸 2mm，创建出实体特征如图 6-12 所示。

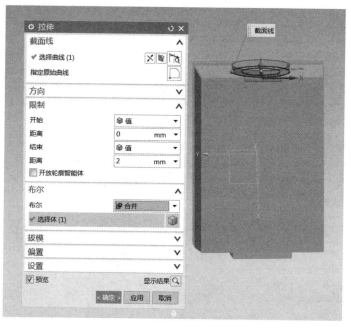

图　6-12

10）单击 ![拉伸] 按钮，选择 ϕ12mm 的圆沿基准坐标系 Z 轴的负方向拉伸，从 –2mm 开始到 2mm 结束，布尔运算为"减去"，创建出实体特征，如图 6-13 所示。

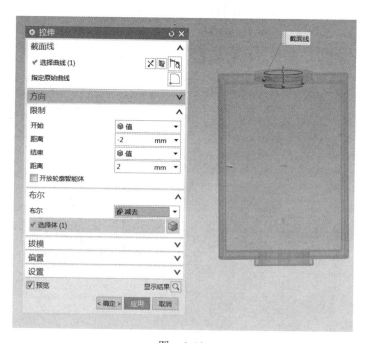

图　6-13

11）使用"边倒圆"，选择需要倒圆的边，以半径为3mm创建出实体特征，如图6-14所示。

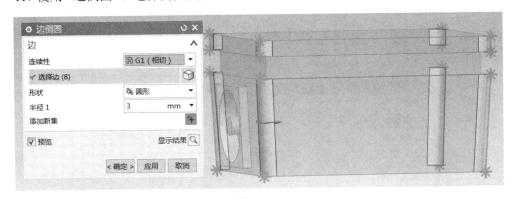

图　6-14

2. 鼎耳特征建立

1）单击 [草图] 按钮进入草图绘制界面。按照图6-1尺寸，以YOZ平面为基准，使用"直线"工具绘制，如图6-15所示。

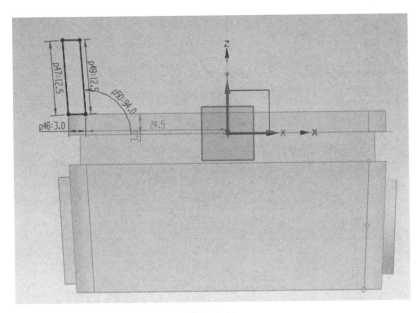

图　6-15

2）单击 [拉伸] 按钮，选择草图沿基准坐标系Z轴的正方向拉伸，从 –7.5mm 开始到7.5mm结束，创建出实体特征，如图6-16所示。

3）单击 [草图] 按钮进入草图绘制界面。按照图6-1尺寸，以上一步骤拉伸实体平面为基准，使用"圆"工具绘制，如图6-17所示。

4）单击 [拉伸] 按钮，选择草图沿基准坐标系Z轴的正方向拉伸，从0mm 开始到3mm结束，布尔运算为"减去"，创建出实体特征，如图6-18所示。

5）使用"边倒圆"，选择需要倒圆的边，以半径为 5mm 创建出实体特征，如图 6-19 所示。

6）使用"镜像特征"，选择需要镜像的几何体，镜像平面选择为 YOZ 平面，镜像实体特征，如图 6-20 所示。

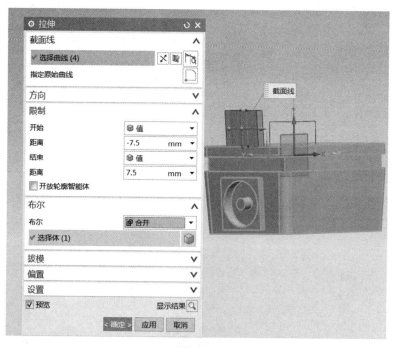

图 6-16

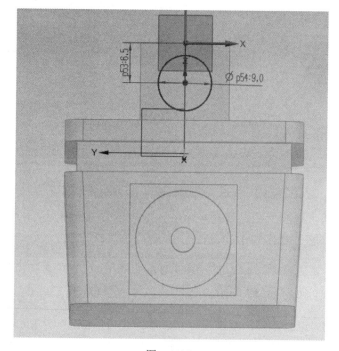

图 6-17

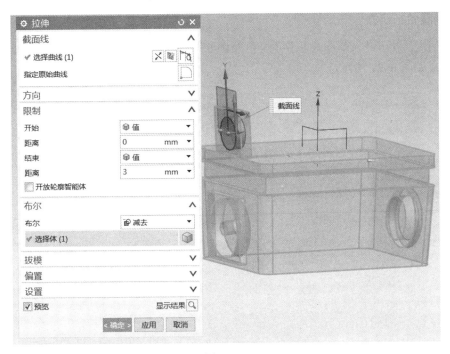

图　6-18

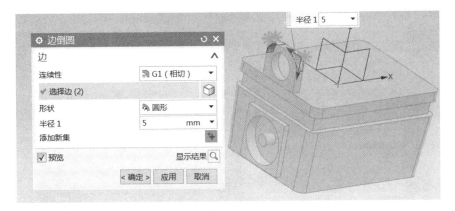

图　6-19

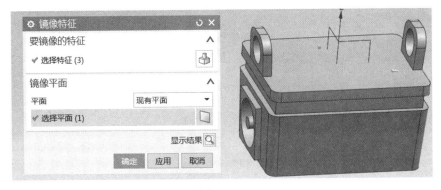

图　6-20

3. 鼎腹特征建立

1）单击 [草图] 按钮进入草图绘制界面。按照图 6-1 尺寸，以 XOY 平面为基准，使用"矩形"工具绘制，如图 6-21 所示。

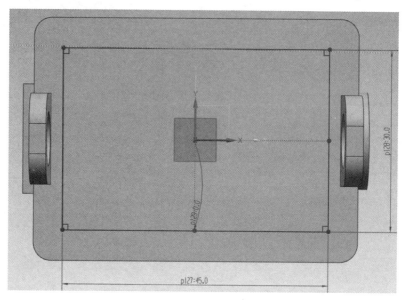

图　6-21

2）单击 [拉伸] 按钮，选择草图曲线沿基准坐标系 Z 轴的负方向拉伸，从 0mm 开始到 7mm 结束，布尔运算为"减去"，创建出实体特征，如图 6-22 所示。

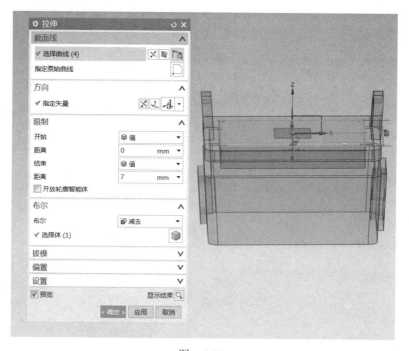

图　6-22

3）单击 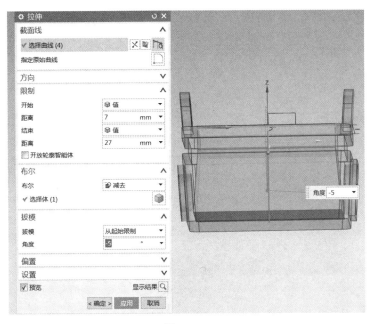 按钮，选择草图曲线沿基准坐标系 Z 轴的负方向拉伸，从 7mm 开始，到 27mm 结束，拔模角度为 –5°，布尔运算为"减去"，创建出实体特征，如图 6-23 所示。

图 6-23

4）使用"边倒圆"，选择需要倒圆的边，分别倒半径为 8mm、5mm 的圆角创建出实体特征，如图 6-24、图 6-25 所示。

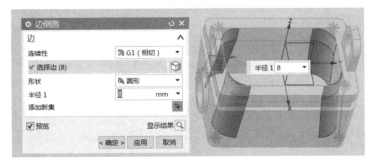

图 6-24

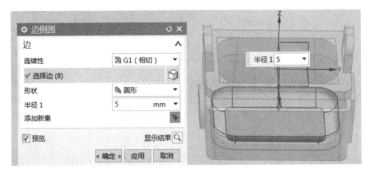

图 6-25

4. 鼎足特征建立

1) 单击 按钮进入草图绘制界面。按照图 6-1 尺寸，以 XOY 平面为基准，Z 轴方向移动 21.5mm，使用"圆"工具绘制，如图 6-26 所示。

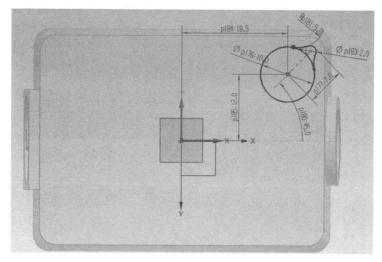

图　6-26

2) 单击 按钮，选择草图曲线沿基准坐标系 Z 轴的负方向拉伸，从 0mm 开始，到 21.5mm 结束，拔模角度为 −3°，创建出实体特征，如图 6-27 所示。

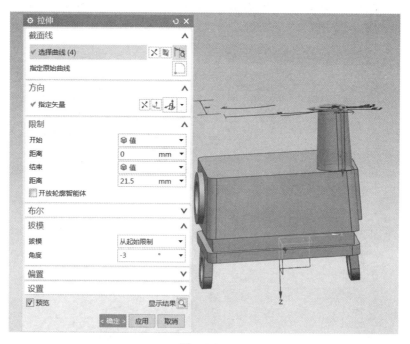

图　6-27

3) 单击 按钮，选择 ϕ10mm 圆草图曲线沿基准坐标系 Z 轴的正方向拉伸，从 0mm 开始，到 5mm 结束，创建出实体特征，如图 6-28 所示。

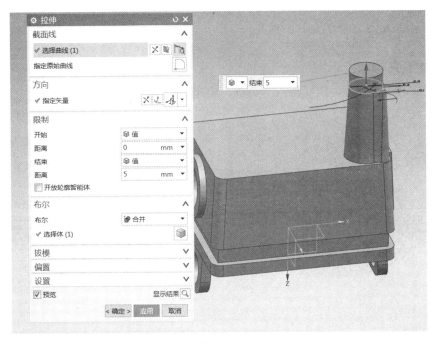

图 6-28

4）使用"镜像特征"，选择需要镜像的几何体，镜像平面选择为 XOZ 平面，镜像实体特征如图 6-29 所示。

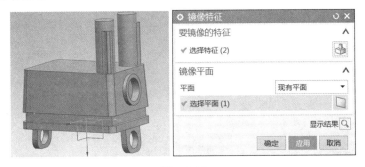

图 6-29

5）使用"镜像特征"，选择需要镜像的几何体，镜像平面选择为 YOZ 平面，镜像实体特征如图 6-30 所示。

图 6-30

6.3.2 零件装夹设计

1. 一次装夹

创建自定心卡盘模型，以实际尺寸为准，自定心卡盘模型如图 6-31 所示。
装夹实际效果如图 6-32 所示。

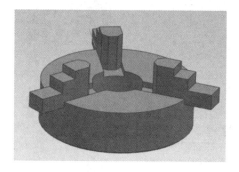 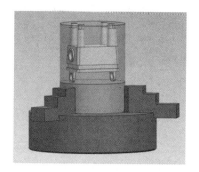

图　6-31　　　　　　　　　　　　　图　6-32

2. 二次装夹

创建过渡盘，过渡盘均布 4 个 M4 螺纹孔，过渡盘模型如图 6-33 所示。
装夹实际效果如图 6-34 所示。

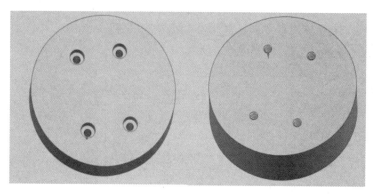 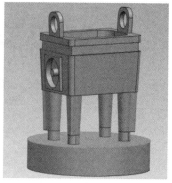

图　6-33　　　　　　　　　　　　　图　6-34

6.4　零件编程

6.4.1　初始化加工环境

1）打开模型文件启动 UG NX 后，单击工具栏中的"打开"按钮 📂，弹出"打开文件"对话框，选择"九州鼎"，单击"OK"按钮，文件打开后如图 6-35 所示。

2）进入加工模块，在工具栏中单击"文件"按钮，进入启动项选择加工模块，系统弹出"加工环境"对话框。在"CAM 会话配置"中选择"cam_general"选项，在"要创建的 CAM 组装"中选择"mill_planar"选项，单击"确定"按钮，初始化加工化境，如图 6-36 所示。

图　6-36

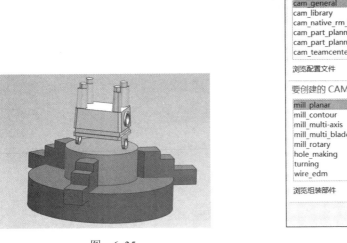

图　6-35

6.4.2　创建加工父级组

单击快速访问工具栏中的几何视图按钮，将工序导航器切换到几何视图显示。

1.　创建加工几何组

（1）设置加工坐标系　具体操作步骤如下：

双击工序导航器窗口中的MCS图标，弹出"MCS铣削"对话框，如图 6-37 所示。

单击"机床坐标系"选项组中的坐标系对话框按钮，弹出"坐标系"对话框，在图形窗口中旋转坐标系手柄，设置工件坐标系，如图 6-38 所示。单击"确定"按钮，返回"MCS 铣削"对话框。

图　6-37

（2）设置安全平面　在"MCS 铣削"对话框中，在"安全设置"选项组的"安全设置选项"下拉列表中选择"球"选项，按图 6-39 进行设置。

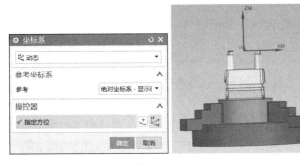

图　6-38

图　6-39

185

（3）创建加工几何体　具体操作步骤如下：

1）在工序导航器中双击 WORKPIECE 图标，弹出"工件"对话框，如图 6-40 所示。

2）单击"几何体"选项组中"指定部件"选项后的选择或编辑部件几何体按钮 ，弹出"部件几何体"对话框，选择图 6-41 所示的实体；单击"确定"按钮，返回"工件"对话框。单击"几何体"选项组中"指定毛坯"选项后的选择或编辑毛坯几何体按钮 ⊗，弹出"毛坯几何体"对话框，选择"几何体"作为毛坯，毛坯如图 6-42 所示。连续单击"确定"按钮完成毛坯设置。

图 6-40

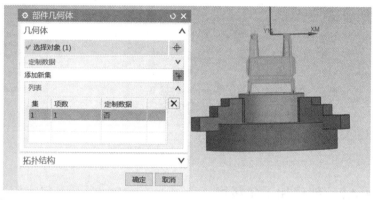

图 6-41

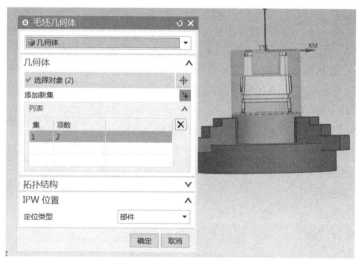

图 6-42

2. 创建刀具组

单击快速访问工具栏中的机床视图按钮 🖧，工序导航器切换到机床刀具视图。

（1）创建铣刀 D8　具体操作步骤如下：

1）单击加工创建工具栏中的创建刀具按钮 🖳，弹出"创建刀具"对话框，如图 6-43 所示。在"类型"下拉列表框中选择"mill_contour"，"刀具子类型"选择 MILL 图标 🔧，在"名称"文本框中输入"D8"。单击"确定"按钮，弹出"铣刀 -5 参数"对话框。

2）在"铣刀-5参数"对话框中"工具"选项卡的"尺寸"选项组中设定尺寸直径为8，刀具号为1，其他参数按默认设置，如图6-44所示。单击"确定"按钮，完成刀具创建。

图 6-43

图 6-44

（2）创建铣刀D4 重复上一步骤，刀具号为2，刀具参数如图6-45所示。

（3）创建铣刀R4 具体操作步骤如下：

1）单击工具栏中的创建刀具按钮 ，弹出"创建刀具"对话框。在"类型"下拉列表框中选择"mill_contour"，"刀具子类型"选择BALL_MILL图标 ，在"名称"文本框中输入"R4"。单击"确定"按钮，弹出"铣刀-球头铣参数"对话框。

2）在"铣刀-球头铣参数"对话框中"工具"选项卡的"尺寸"选项组中设定尺寸直径为8，刀具号为3，其他参数按默认设置。单击"确定"按钮，完成刀具创建，如图6-46所示。

（4）创建钻刀Z3.3 具体操作步骤如下：

图 6-45

1）单击工具栏中的创建刀具按钮 ，弹出"创建刀具"对话框。在"类型"下拉列表框中选择"hole_making"，"刀具子类型"选择STD_DRILL图标 ，在"名称"文本框中输入"Z3.3"。单击"确定"按钮，弹出"铣刀-钻刀参数"对话框。

2）在"铣刀-钻刀参数"对话框中"工具"选项卡的"尺寸"选项组中设定尺寸直径为3.3，刀具号为4，其他参数按默认设置。单击"确定"按钮，完成刀具创建，如图6-47所示。

图　6-46

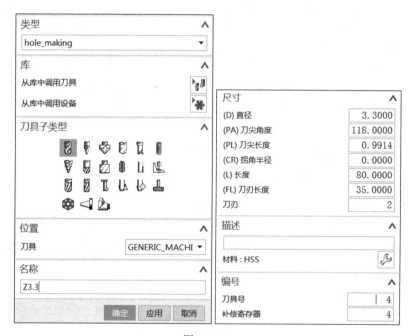

图　6-47

6.4.3　零件程序设计

1. 一次装夹定轴加工

首先创建"型腔铣"工序，使用 D8 铣刀定轴开粗，接着使用 D8 铣刀，完成精加工，再使用 D4 铣刀粗精加工较小区域，最后使用 R4 球刀完成曲面精加工。

（1）定轴开粗（D8）　　加工工序：型腔铣。

1）插入工序。在左边工序导航器内右击，依次选择"插入 - 工序 - 类型：mill_contour-工序子类型：轮廓铣"，调出"创建工序"对话框。在"刀具"栏选择 D8 铣刀，"几何体"栏选择定义完成的几何体第一次坐标，然后单击"确定"按钮完成"型腔铣"工序的创建，如图 6-48 所示。

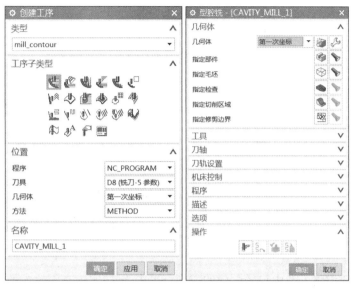

图　6-48

2）设置几何体参数。"几何体"选择"第一次坐标"，其他参数按默认设置。

3）设置毛坯，选择指定毛坯几何体如图 6-49 所示。

4）设置刀具、刀轴。"刀具"选择已经创建完成的 D8 铣刀，"刀轴"改为"指定矢量"。刀轴垂直于底面。

5）设置切削模式。在"刀轨设置"栏内"切削模式"选择"跟随周边"，"步距"选择"刀具平直"，"平面直径百分比"为 65%，"公共每刀切削深度"为"恒定"，"最大距离"为 1mm。设置完成如图 6-50 所示。

6）设置切削层。单击"刀轨设置"栏内的"切削层"按钮，进入"切削层"对话框，"范围深度"设置为特征底面。

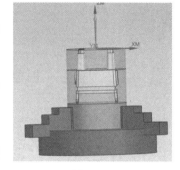

图　6-49

7）设置切削参数。单击"刀轨设置"栏内的"切削参数"按钮，进入"切削参数"对话框，"余量"栏内"部件余量"和"最终底面余量"共同设置为 0.15mm。"策略"栏内"刀路方向"改为"自动"，"切削顺序"改为"深度优先"。

8）设置非切削移动。单击"刀轨设置"栏内的"非切削移动"按钮，进入"非切削移动"对话框，"封闭区域"内"进刀类型"为"沿形状斜进刀"，"高度"为 3mm，"斜坡角度"是下刀点到最高加工平面的下刀角度，设为 5°。其他参数默认即可。

9）设置转速和进给。单击"刀轨设置"栏内的"进给率和速度"按钮，进入"进给率和速度"对话框，在"主轴速度"栏和"进给率"栏内分别设置为 10000 和 2500。

10）生成刀路轨迹。在"操作"栏内，单击"生成"按钮生成刀路。其他面和此工序创建方法相同，创建出刀路如图 6-51 所示。

图　6-50

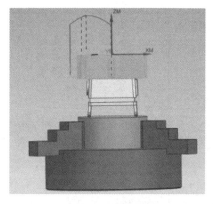

图　6-51

11）仿真验证刀路。选中已经创建的工序，单击 ▶ 按钮，在刀轨界面选择"3D 动态"进行刀轨仿真，仿真结果如图 6-52 所示。

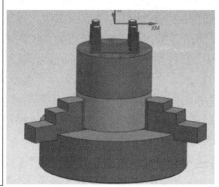

图　6-52

12）其他区域开粗工序和上一步工序创建方法相同，只需更改刀轴、加工平面、切削层即可，生成开粗刀路，完成零件开粗，如图 6-53 所示。

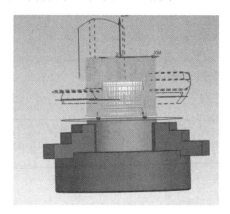

图　6-53

> **提示**
>
> 型腔铣加工通过选择毛坯、部件、加工深度来定义切削区域并生成刀路，为 3D 加工工序。常用于 3D 轮廓开粗加工。

（2）定轴精加工（D8）

1）加工工序：深度轮廓铣。

①插入工序。在左边工序导航器内右击，依次选择"插入 - 工序 - 类型：mill_contour-工序子类型：轮廓铣"，调出"创建工序"对话框。"刀具"选择 D8 铣刀，"几何体"选择定义完成的几何体第一次坐标，然后单击"确定"按钮完成"深度轮廓铣"工序的创建，如图 6-54 所示。

图　6-54

②设置几何体参数。"几何体"选择"第一次坐标"，其他参数按默认设置。

③设置指定切削区域，选择指定切削区域如图 6-55 所示。

④设置刀具、刀轴。"刀具"选择已经创建完成的 D8 铣刀。

⑤设置公共切削深度。设置为恒定，最大距离为 3mm。

⑥设置切削参数。单击"刀轨设置"栏内的"切削参数"按钮，进入"切削参数"对话框，"余量"选项卡内"部件余量"和"最终底面余量"共同设置为 0mm。"连接"选项卡内"层到层"改为"沿部件交叉斜进刀"，"斜坡角"改为 5°，如图 6-56 所示。

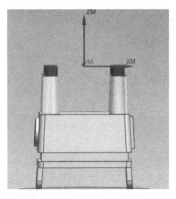

图 6-55

图 6-56

⑦设置非切削移动。单击"刀轨设置"栏内的"非切削移动"按钮，进入"非切削移动"对话框，"开放区域"内"进刀类型"为"圆弧"，"半径"为 50% 刀具直径，"圆弧角度"为 90°，其他参数默认即可。

⑧设置转速和进给。单击"刀轨设置"栏内的"进给率和速度"按钮，进入"进给率和速度"对话框，在"主轴速度"栏和"进给率"栏内分别设置为 10000 和 1500。

⑨生成刀路轨迹。在"操作"栏内，单击"生成"按钮生成刀路。其他面和此工序创建方法相同，创建出刀路如图 6-57 所示。

⑩仿真验证刀路。选中已经创建的工序，鼠标单击 ▶ 按钮，在刀轨界面选择"3D 动态"进行刀轨仿真，仿真结果如图 6-58 所示。

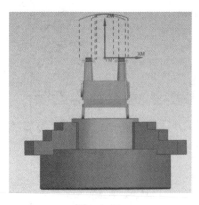

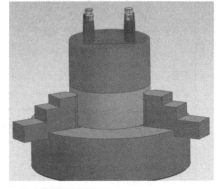

图 6-57

图 6-58

⑪其他区域深度轮廓铣工序和上一步工序创建方法相同，只需更改切削区域、每刀切

削深度即可，生成精加工刀路，完成零件加工，如图 6-59 所示。

2）加工工序：底壁铣（D8）。

① 插入工序。在左边工序导航器内右击，依次
选择"插入 - 工序 - 类型：mill_planar- 工序子类型：
平面铣"调出"创建工序"对话框。"刀具"选择
D8 铣刀，"几何体"选择定义完成的几何体第一次
坐标，然后单击"确定"按钮完成"底壁铣"工序
的创建，如图 6-60 所示。

② 设置几何体参数。"几何体"选择"第一次
坐标"，其他参数按默认设置。

图　6-59

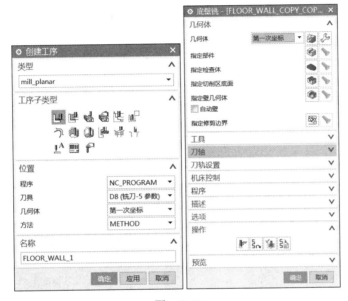

图　6-60

③ 设置指定切削区底面。选择指定切削区底面如图 6-61 所示。

④ 设置刀具、刀轴。"刀具"选择已经创建完成的 D8 铣刀，"刀轴"改为"指定矢量"。
刀轴垂直于底面。

⑤ 设置切削模式。在"刀轨设置"栏内"切削模式"选择"跟随周边"，"步距"选择"恒
定"，"最大距离"为刀具直径的 65%。设置完成如图 6-62 所示。

⑥ 设置切削参数。单击"刀轨设置"栏内的"切削参数"按钮，进入"切削参数"对话框，
"余量"选项卡内"部件余量"和"最终底面余量"共同设置为 0mm，如图 6-63 所示。

⑦ 设置非切削移动。单击"刀轨设置"栏内的"非切削移动"按钮，进入"非切削移动"
对话框，"开放区域"内"进刀类型"为"线性"，"长度"为 3mm，其他参数默认即可。

⑧ 设置转速和进给。单击"刀轨设置"栏内的"进给率和速度"按钮，进入"进给率和速度"
对话框，在"主轴速度"栏和"进给率"栏内分别设置为 10000 和 1500。

⑨ 生成刀路轨迹。在"操作"栏内，单击"生成"按钮生成刀路。其他面和此工序创
建方法相同，创建出刀路如图 6-64 所示。

⑩ 仿真验证刀路。选中已经创建的工序，双击鼠标左键，在刀轨界面选择"3D 动态"进行刀轨仿真。

⑪ 其他区域底壁铣工序和上一步工序创建方法相同，只需更改指定切削区底面、刀轴方向即可，生成精加工刀路，完成零件精加工，如图 6-65 所示。

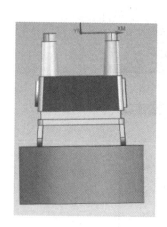

图 6-61

图 6-62

图 6-63

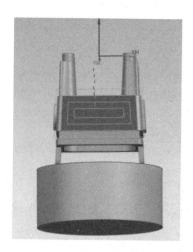

图 6-64

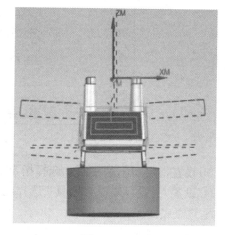

图 6-65

（3）定轴精加工（D4）

1）加工工序：底壁铣。

重复上一步骤，将刀具选择为 D4 铣刀，更改指定切削区底面、刀轴方向，其他参数不变。D4 铣刀刀路如图 6-66 所示。

2）加工工序：底壁铣。

① 重复底壁铣操作，选择 D4 铣刀，选择切削区底面，指定刀轴方向，刀轴垂直于底面。

② 设置底面毛坯厚度，厚度为 4.5mm。

③ 设置每刀切削深度，深度为 0.3mm，设置完成如图 6-67 所示。

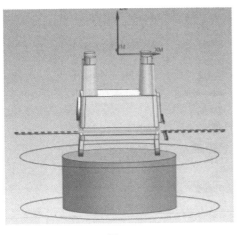

图　6-66　　　　　　　　　　　　　　　　　　图　6-67

④设置非切削移动。单击"刀轨设置"栏内的"非切削移动"按钮，进入"非切削移动"对话框，"封闭区域"内"进刀类型"为"螺旋"，"直径"为3mm，"高度"为3mm，"斜坡角度"为3°，其他参数默认即可。

⑤设置转速和进给。单击"刀轨设置"栏内的"进给率和速度"按钮，进入"进给率和速度"对话框，在"主轴速度"栏和"进给率"栏内分别设置为10000和1500。

⑥生成刀路轨迹。在"操作"栏内，单击"生成"按钮生成刀路。其他面和此工序创建方法相同，创建出刀路如图6-68所示。

⑦其他区域底壁铣工序和上一步工序创建方法相同，只需更改指定切削区底面、刀轴方向即可，生成精加工刀路，完成零件精加工，如图6-69所示。

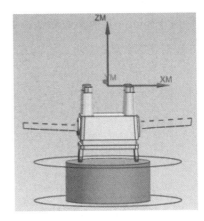

图　6-68　　　　　　　　　　　　　　　　　　图　6-69

（4）定轴精加工（R4）　加工工序：固定轮廓铣。

1）插入工序。在左边工序导航器内右击，依次选择"插入 - 工序 - 类型：mill_contour-工序子类型：轮廓铣"，调出"创建工序"对话框。"刀具"选择 R4 铣刀，"几何体"选择定义完成的几何体第一次坐标，然后单击"确定"按钮完成"固定轮廓铣"工序的创建，如图 6-70 所示。

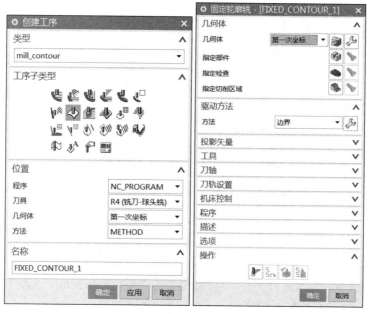

图 6-70

2）设置几何体参数。"几何体"选择"第一次坐标"，其他参数按默认设置。

3）设置刀具、刀轴。"刀具"选择已经创建完成的 R4 铣刀，"刀轴"改为"指定矢量"。刀轴垂直于底面。

4）设置指定切削区域。选择指定切削区域如图 6-71 所示。

5）设置驱动方法。选择"区域铣削"，进入"区域铣削"对话框，在"驱动设置"中设置"非陡峭切削"，"非陡峭切削模式"设置为"往复"，"步距"设置为"恒定"，"最大距离"为 0.1mm，其他参数默认，如图 6-72 所示。

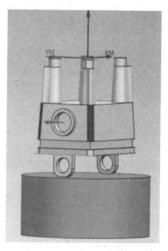

图 6-71

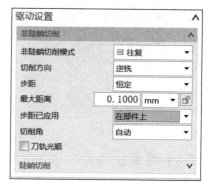

图 6-72

6）设置切削参数。单击"刀轨设置"栏内的"切削参数"按钮，进入"切削参数"对话框，"余量"选项卡内"部件余量"和"最终底面余量"共同设置为 0mm。选中"策略"栏内"延伸路径"中的"在边上延伸",距离为 0.5mm。

7）设置非切削移动。单击"刀轨设置"栏内的"非切削移动"按钮，进入"非切削移动"对话框，"开放区域"内"进刀类型"为"圆弧平行于刀轴"。

8）设置转速和进给。单击"刀轨设置"栏内的"进给率和速度"按钮，进入"进给率和速度"对话框，"主轴速度"和"进给率"内分别设置为 10000 和 1500。

9）生成刀路轨迹。在"操作"栏内，单击"生成"按钮生成刀路。其他面和此工序创建方法相同，创建出刀路如图 6-73 所示。

10）其他曲面精加工工序和上一步工序创建方法相同，只需更改加工平面即可，生成精加工刀路，完成零件精加工，如图 6-74 所示。

图 6-73

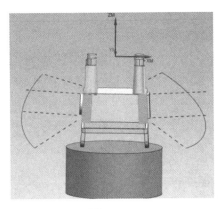

图 6-74

（5）🛠钻孔加工（Z3.3） 加工工序：钻孔。

1）插入工序。在左边工序导航器内右击，依次选择"插入 - 工序 - 类型：hole_making-工序子类型：钻孔"调出"创建工序"对话框。"刀具"栏选择 Z3.3 钻刀，"几何体"选择定义完成的几何体第一次坐标，然后单击"确定"按钮完成"钻孔"工序的创建，如图 6-75 所示。

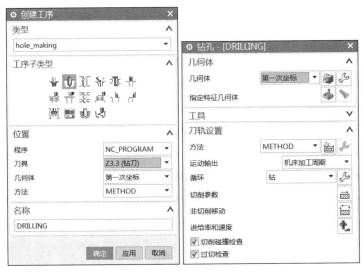

图 6-75

2）设置几何体参数。"几何体"选择"第一次坐标"，其他参数按默认设置。

3）设置指定特征几何体。选择"指定特征几何体"，在"特征"中选择"选择对象"设置直径为 3.3mm，深度为 8mm，如图 6-76 所示。

4）设置几何体参数。选择循环模式，在"刀轨设置"中，单击"循环"选择钻深孔断屑。在"钻深孔断屑"中，"深度增量"为恒定，"最大距离"为 3mm。

5）设置转速和进给。单击"刀轨设置"栏内的"进给率和速度"按钮，进入"进给率和速度"对话框，"主轴速度"和"进给率"分别设置为 10000 和 1500。

6）生成刀路轨迹。在"操作"栏内，单击"生成"按钮生成刀路。其他面和此工序创建方法相同，创建出刀路如图 6-77 所示。

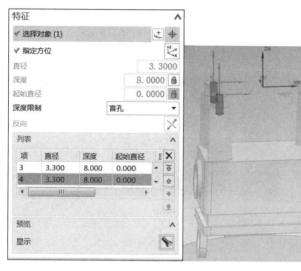

图 6-76

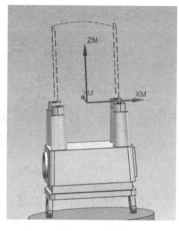

图 6-77

2. 二次装夹定轴加工

设置加工坐标系，操作步骤重复上次，加工坐标系如图 6-78 所示。将其坐标系命名为"第二次坐标"，如图 6-79 所示。

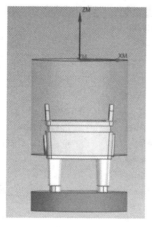

图 6-78

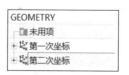

图 6-79

198

（1）定轴粗加工（D8） 加工工序：型腔铣。

1）复制第一次装夹加工中的型腔铣操作"型腔铣（D8）"，更改参数设置，加工剩余毛坯部分。

2）设置几何体参数。"几何体"选择"2 次毛坯"，其他参数按默认设置。

3）设置毛坯，选择指定毛坯几何体。

4）设置切削层。单击"刀轨设置"栏内的"切削层"按钮，进入"切削层"对话框，"范围深度"设置为特征底面。

5）在"操作"栏内，单击"生成"按钮生成刀路。生成的粗加工刀路如图 6-80 所示。

6）其他开粗工序和上一步工序创建方法相同，只需更改指定修剪边界、切削层，修剪边界如图 6-81 所示，生成加工刀路，完成零件粗加工，如图 6-82 所示。

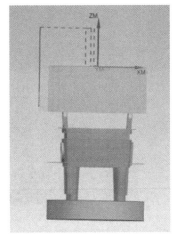

图 6-80

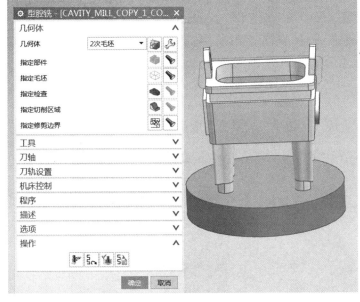

图 6-81

图 6-82

（2）定轴精加工（D8）

1）加工工序：深度轮廓铣。

复制第一次装夹加工中的深度轮廓铣操作深度轮廓铣（D8），更改参数设置。

①设置几何体参数。"几何体"选择"第二次坐标"，其他参数按默认设置。

②设置指定切削区域，选择指定切削区域。

③设置刀具、刀轴。"刀具"选择已经创建完成的 D8 铣刀，"刀轴"改为"指定矢量"，刀轴垂直于底面，如图 6-83 所示。

④在"操作"栏内，单击"生成"按钮生成刀路。生成的粗加工刀路如图 6-84 所示。

⑤其他开粗工序和上一步工序创建方法相同，只需更改指定切削区域、刀轴方向，生成加工刀路，完成零件精加工，如图 6-85 所示。

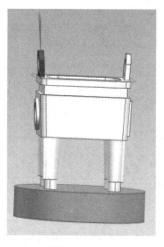 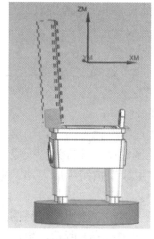 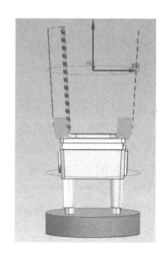

图 6-83   图 6-84   图 6-85

2）加工工序：底壁铣。

复制第一次装夹加工中的底壁铣操作底壁铣（D8），更改参数设置。

①设置几何体参数。"几何体"选择"第二次坐标"，其他参数按默认设置。

②设置指定切削区底面，选择指定切削区底面如图 6-86 所示。

③设置刀具、刀轴。"刀具"选择已经创建完成的 D8 铣刀，"刀轴"改为"指定矢量"，刀轴垂直于底面。

④在"操作"栏内，单击"生成"按钮生成刀路。生成的粗加工刀路如图 6-87 所示。

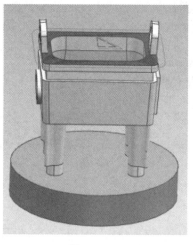 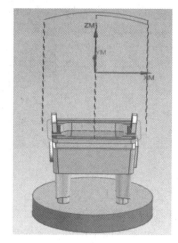

图 6-86   图 6-87

（3） 联动精加工（R4） 加工工序：可变轮廓铣。

1）插入工序。在左边工序导航器内右击，依次选择"插入 - 工序 - 类型：mill_multi-axis- 工序子类型：可变轮廓铣"调出"创建工序"对话框。"刀具"选择 R4 球刀，"几何体"选择定义完成的几何体第二次坐标，然后单击"确定"按钮完成"可变轮廓铣"工序的创建，如图 6-88 所示。

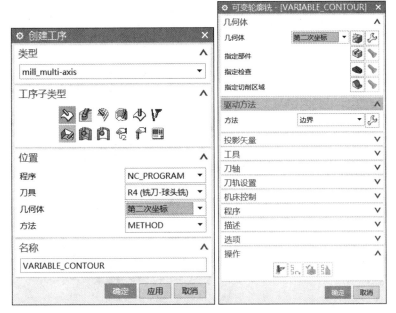

图　6-88

2）设置几何体参数。"几何体"选择"第二次坐标"，其他参数按默认设置。

3）设置指定切削区域，选择指定切削区域，如图 6-89 所示。

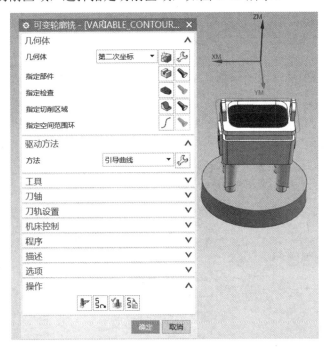

图　6-89

4）设置驱动方法。选择为"引导曲线"，单击右侧按钮进入"引导曲线"对话框，在"引导曲线"中选择"曲线"，在"切削"中设置"步距"为"恒定"，"最大距离"为 0.1mm，如图 6-90 所示。

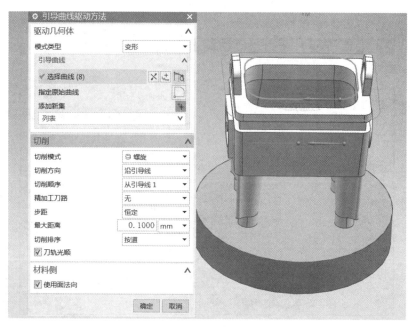

图　6-90

5）设置刀具、刀轴。"刀具"选择已经创建完成的 R4 球刀，"轴"改为"朝向点"，指定朝向点位置，如图 6-91 所示。

6）设置切削参数。单击"刀轨设置"栏内的"切削参数"按钮，进入"切削参数"对话框，"余量"选项卡内"部件余量"和"最终底面余量"共同设置为 0mm。

7）设置非切削移动。单击"刀轨设置"栏内的"非切削移动"按钮，进入"非切削移动"对话框，"开放区域"内"进刀类型"为"圆弧 - 平行于刀轴"，"半径"为 4mm，其他参数默认即可。

8）设置转速和进给。单击"刀轨设置"栏内的"进给率和速度"按钮，进入"进给率和速度"对话框，"主轴速度"和"进给率"分别设置为 10000 和 1500。

9）生成刀路轨迹。在"操作"栏内，单击"生成"按钮生成刀路。其他面和此工序创建方法相同，创建出刀路如图 6-92 所示。

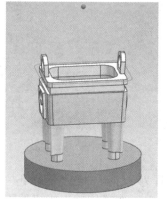

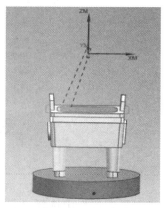

图　6-91　　　　　　　　　　　　　　　　图　6-92

6.4.4 斯沃多轴仿真加工检查及纠错

1. 机床与系统选用

1）打开软件，选择“华中数控 HNC-848Di”，如图 6-93 所示。

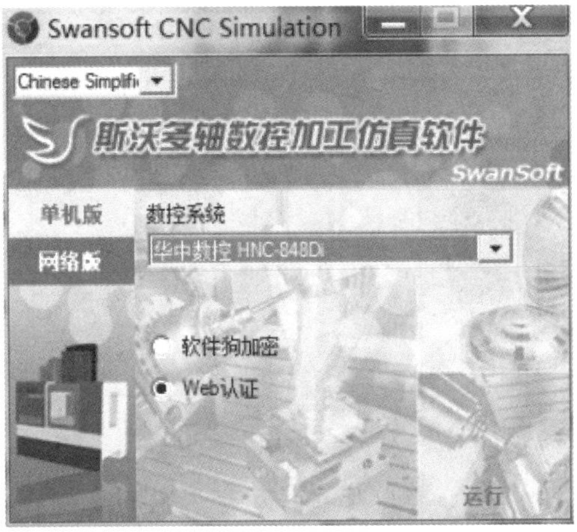

图 6-93

2）单击左侧工具栏中的“选择毛坯夹具”按钮，选择机床结构为“HNC GS200 AC-Table”，如图 6-94 所示。

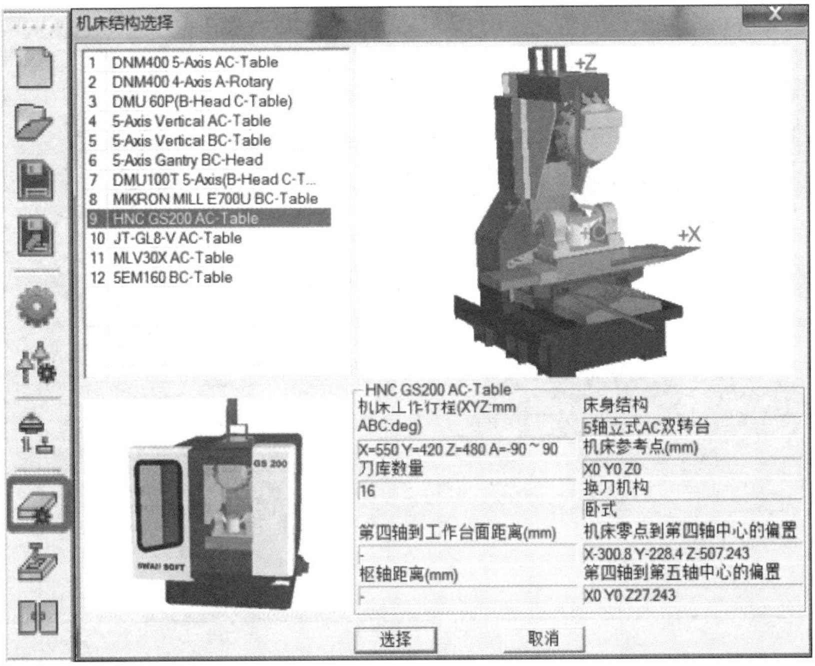

图 6-94

2. 创建刀具

1）单击左侧工具栏中的“选择刀具”按钮，创建加工所需刀具，如图 6-95 所示。

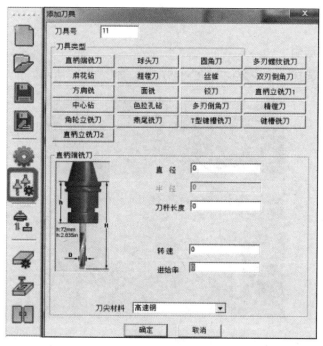

图　6-95

2）单击"添加到刀库"按钮，将创建好的刀具放入对应刀位中，如图 6-96 所示。

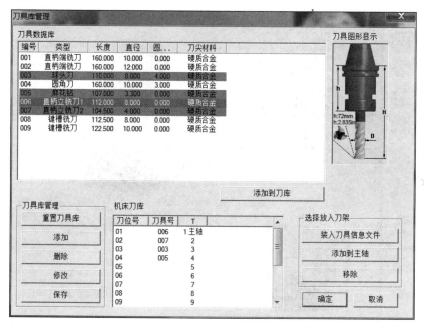

图　6-96

3．夹具放置

1）导出夹具模型，设置为 STL 格式，注意夹具模型基准坐标系位于底面中心点，如图 6-97 所示。

图　6-97

2）导出的夹具模型 STL 格式文件需放置在文件夹中，如图 6-98 所示。

图　6-98

3）打开斯沃仿真软件安装目录，依次选择 common → mill → Fixture，清空文件夹，如图 6-99 所示。

4）打开软件，单击"工件操作"按钮进入"工件装夹"对话框，选择"导入夹具"，单击"导入模型"按钮打开所导出的九州鼎夹具模型，如图 6-100 所示。

5）修改夹具模型整体高度、夹具模型整体宽度，装夹高度按夹具实际尺寸设置，设置完成后单击"保存设置"按钮，如图 6-101 所示，夹具效果如图 6-102 所示。

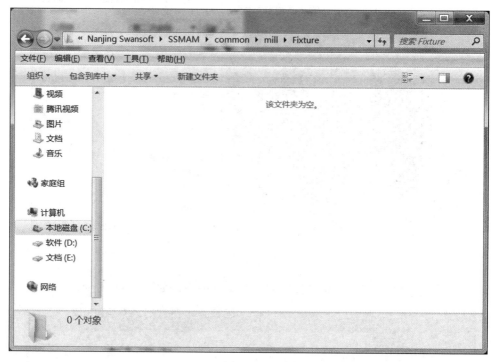

图 6-99

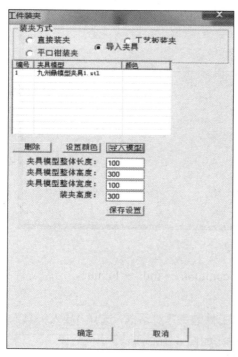

图 6-100

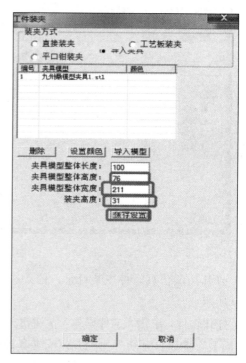

图 6-101

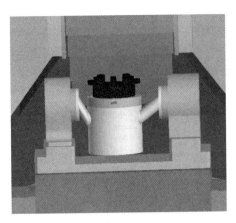

图 6-102

4. 毛坯设置

1）单击"工件操作"按钮，在弹出的对话框中单击"选择毛坯"，按工艺要求创建直径为 80mm、长度为 145mm 的圆棒料，如图 6-103 所示（本例毛坯材料为铝合金，图中材料由于系统限制无法自由选择）。

2）单击"确定"按钮显示毛坯装夹效果，如图 6-104 所示。

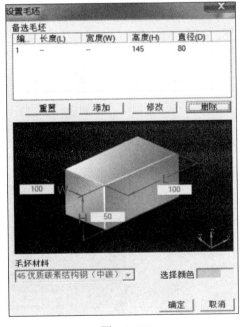

图 6-103

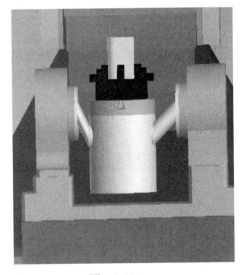

图 6-104

5. 对刀设置

1）在机床面板中进入"设置"界面，将创建好的刀具长度输入刀补表（注意刀具号与刀补号一致），如图 6-105 所示。

2）单击左侧工具栏中的 按钮，单击"选择毛坯"选项添加毛坯。完成后，单击"快速定位"选项，结果如图 6-106 所示。

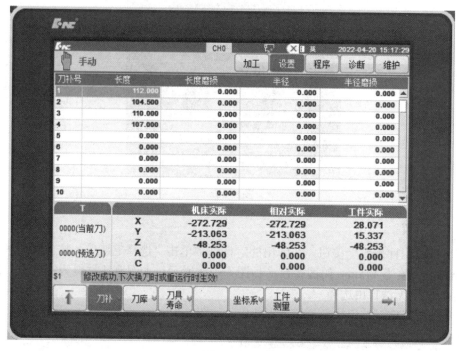

图 6-105

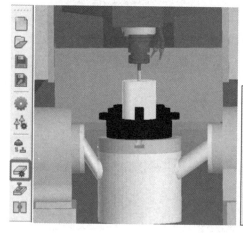

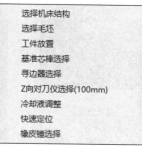

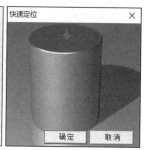

图 6-106

3）在机床面板中进入"设置"界面，单击"坐标系"，在 G54 坐标系中单击"当前输入"按钮，依次确定 X、Y、Z 轴坐标，如图 6-107 所示。

4）在 G54 坐标系 Z 轴坐标设置完成时，单击"增量输入"按钮减去当前主轴刀具 1 号刀的刀长，如图 6-108 所示。

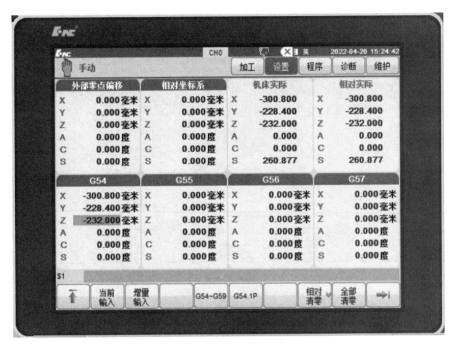

图 6-107

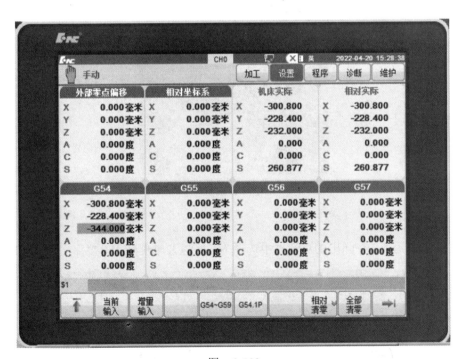

图 6-108

6. 程序导入

1）在"文件"下拉菜单中单击"打开"选项，找到程序路径中的"O111.NC"，如图 6-109 所示。

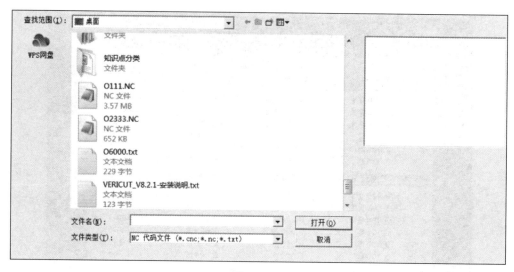

图 6-109

2）在左侧工具栏中单击机床门关闭按钮，按自动键和循环启动键，加工出正面部分，如图 6-110 所示。

图 6-110

7. 反面加工

1）右键单击毛坯，在弹出的对话框中选择"工件绕 X 轴旋转 180 度"，如图 6-111 所示。

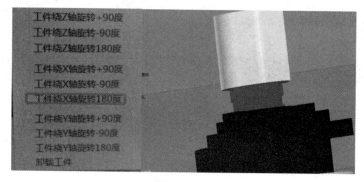

图 6-111

2）刀具不变，重复对刀操作。

3）单击软件左上角"文件"下拉菜单，单击"打开"选项，在目录中找到程序"O112. NC"，如图 6-112 所示。

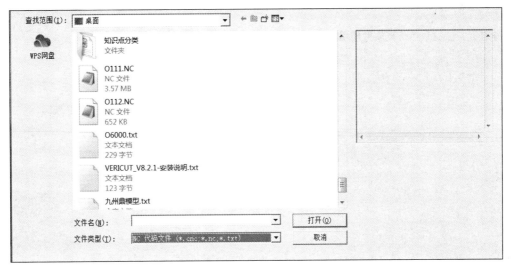

图 6-112

4）在左侧工具栏中单击机床关闭按钮 ，按自动键 和循环启动键 ，加工出零件的反面部分。

参 考 文 献

[1] 李桂云. 宇龙数控仿真软件使用指导 [M]. 北京：高等教育出版社，2007.